Dr. Gabriele Niepel

Unser Welpe kommt

Dr. Gabriele Niepel

Unser Welpe kommt

Müller Rüschlikon

Einbandgestaltung: Luis Dos Santos
Titelbild: Dr. Gabriele Niepel
Bild auf der Umschlagrückseite: Thomas Niepel

Mein besonderer Dank gilt all denen, die mir Bildmaterial zur Verfügung gestellt haben, bzw. die wie Werner Sauk (www.perromania.de) sich viel Arbeit gemacht haben, extra für dieses Buch Fotos zu schießen:
In alphabetischer Reihenfolge: Friedhelm Fersen, Ariane Laege, Elke Lachmann, Nathalie Mayer, Thomas Niepel, Werner Sauk, Friederike Schäfer, Aniko & Jan Weiß, Thorsten Wobbe

ISBN 978-3-275-01658-7

Postfach 103743, 70032 Stuttgart
Ein Unternehmen der Paul Pietsch Verlage Gmbh+Co
Lizenznehmer der Bucheli Verlags AG, Baarerstr. 43, CH-6304 Zug

1. Auflage 2008

Sie finden uns im Internet unter **www.mueller-rueschlikon-verlag.de**

Redaktion: Claudia König
Innengestaltung: Petra Pawletko
Druck und Bindung: KoKo Produktionsservice, 70900 Ostrava
Printed in in Czech Republic

Inhalt

Vorwort

Dieses Buch basiert auf meiner 14-jährigen Erfahrung als Leiterin von Welpenspielstunden, in denen ich weit über 1800 Welpen kennen lernen durfte, der Aufzucht von vier Briardwürfen sowie dem Leben mit acht Welpen in der eigenen Familie über den bisherigen Lebenslauf hinweg.
Während ich diese Zeilen schreibe, tobt der neunte Welpe um mich herum, die mittlerweile zwölfwöchige Lilleby. Und sie lehrt mich wiederum, wie schon alle Welpen davor, wie einzigartig jedes kleine Hundekind ist. Selbst dann, wenn man als neuen Hund wieder einen Angehörigen derselben Rasse wählt und noch dazu das gleiche Geschlecht. Dieser neue Welpe zeigt zwar einerseits bekannte Verhaltensweisen und überrascht uns doch andererseits wieder mit bisher unbekanntem Verhalten, ja, auch mit Problemen, die sich zuvor nie gestellt haben.

Es ist daher meine feste Überzeugung, dass man keine »Gebrauchsanleitung« für den Welpen (und den Hund im Allgemeinen) schreiben kann. Für jeden Hund ist ein spezieller, auf ihn abgestimmter Umgang nötig.

Ich kann Ihnen hier Tipps geben, die sich im Allgemeinen im Umgang mit Welpen bewährt haben, Tipps zum Umgang mit jenen typischen Problemen, die Welpen so bereiten. Doch bevor ich dieses tue, möchte ich Sie in die Gedanken- und Gefühlswelt von Hunden entführen und bei Ihnen die Bereitschaft dafür wecken, den Welpen nicht als Familienmitglied zu sehen, das möglichst schnell in den Alltag einzupassen ist, dessen Ecken und Kanten abgeschliffen werden sollen, und das sich so »normal« und »unauffällig« wie möglich benehmen soll, sondern: Als eine kleine, sehr facettenreiche Persönlichkeit, die voll in der Entwicklung steht, die sich in der Auseinandersetzung mit Ihnen, mit ihrer sonstigen sozialen und mit der unbelebten Umwelt zu einer Persönlichkeit mit deutlich erkennbaren typischen Zügen entwickelt. Sie als sein menschlicher Partner haben die riesige Verantwortung, diesem kleinen Welpen die besten Entwicklungschancen zu bieten. Hundeerziehung meint mehr, als den Hund dazu zu bringen, nicht mehr in die Wohnung zu pinkeln, anständig an der Leine zu gehen, kein Essen vom Tisch zu klauen und fremde Leute nicht anzuspringen. Hundeerziehung, gerade Welpenerziehung meint vor allem auch: Dem Welpen die seinem Alter entsprechenden Entwicklungsanregungen zu geben.

Daher werden Sie zu Beginn dieses Buches zunächst drei Warnhinweise finden, bevor es dann mit den »Praktischen Tipps« losgeht.

Einführung

Warnhinweis 1: Dieses Buch ist keine Gebrauchsanweisung

Sie werden hier keine »Gebrauchsanleitung« zum möglichst schnellen und unkomplizierten Erreichen eines angepassten Hundes finden.
Sie haben einen Welpen oder wollen demnächst einen Welpen bei sich aufnehmen und erhoffen sich nun, in diesem Buch eine Art »Gebrauchsanleitung« zu finden? Dann sind Sie mit diesem Buch falsch beraten.
Solche »Gebrauchsanleitungen« sind bereits vielfach auf dem Markt, dafür bedarf es keines neuen Buches.

Natürlich werden Sie auch in diesem Buch ganz konkrete Tipps erhalten, wie Sie mit den drängenden Problemen umgehen können, die in der Regel alle Welpenbesitzer umtreiben, als da zum Beispiel wären:

- Wie bekomme ich den Welpen stubenrein?
- Was mache ich nur gegen sein heftiges Herumbeißen auf meinen Händen?
- Wie überzeuge ich ihn davon, locker an der Leine zu gehen, anstatt wie ein Berserker zu ziehen?
- Wie gewöhne ich es ihm ab, alle Menschen einfach so anzuspringen?
- Kann ich es wagen, ihn frei laufen zu lassen – wie kriege ich es hin, dass er auf Ruf auch zu mir zurückkommt?
- Wie gewöhne ich ihn daran, dass er auch mal allein bleibt?
- Was soll ich machen, wenn der Welpe vor etwas Angst hat, beispielsweise an einer vielbefahrenen Straße keinen Schritt gehen will, panisch wird und sich fast aus dem Halsband windet?

Mit diesen und anderen konkreten Problemen werde ich mich im zweiten Teil dieses Buches beschäftigen.
Mein Anliegen ist jedoch vielmehr, Ihnen das Wesen von Hunden näher zu bringen, damit Sie das Verhalten Ihres Welpen besser verstehen lernen und die Fehler im Umgang mit ihm vermeiden können, die leider sehr häufig gemacht werden:
Ich möchte, dass Sie die Bedürfnisse eines Hundes im Allgemeinen und eines Welpen im Speziellen kennen lernen und Wege aufzeigen, wie man diesen Bedürfnissen gerecht werden kann. Ich möchte, dass Sie lernen, die Welt mit den Augen Ihres Welpen zu sehen, um zu verstehen, warum er sich so verhält, wie er sich verhält – und das eigene Verhalten dementsprechend gestalten.
Ich möchte, dass Sie erkennen, welch ungeheure Verantwortung Sie mit dem Welpen übernommen haben und dass die sorgfältige Aufzucht und Erziehung eines Welpen eine zeitintensive, manchmal nervenaufreibende Angelegenheit ist, die sich nicht mal so eben nebenher erledigen lässt.
Dieses Buch ist also kein »Kochbuch« nach den Motto: Man nehme A, B und C um D zu erreichen. Es ist vielmehr ein Buch, das Ihnen die Augen öffnen soll für die Besonderheiten dieses wunderbaren Wesens »Hund« und Ihnen durch eine Veränderung des Blickwinkels dazu verhilft, mit dem Welpen so umzugehen, wie es nötig ist – und wie er es verdient.

Warnhinweis 2: Diesem Buch kann man »Vermenschlichung« vorwerfen

Wer sich heute in die Hundszene tiefer hineinbegibt, wird besonders bei erfahrenen Hundetrainern eine große Aversion gegen die Verwendung eines **Vokabulars** entdecken, das eine Vermenschlichung des Hundes nahelegt. So spricht man zum Beispiel statt von »Eifersucht« von »sozial motivierter Aggression«. Auch wird oft die heutige überwiegende Funktion des Hundes als **Sozialpartner** kritisch bewertet. Man kann oft lesen, dass der »echte Gebrauchshund«, der zum Beispiel an der Herde seiner Aufgabe der Bewachung derselben nachkommt, irgendwie »hundegerechter« sei, als der Hund, der »nur« noch Partner des Menschen ist. Letzteres sei eine vergleichsweise minderwertige Funktion.

Spricht man von der **Gefühlswelt** des Hundes, so wird man schnell in die Nähe derer gerückt, die im Hund nicht mehr den Hund sehen, sondern ihm Bedürfnisse überstülpen, die er gar nicht hat und ihm das Ausleben ureigenster Bedürfnisse nicht gestatten.

Wenn Sie so wollen, wird sich durch dieses Buch eine Art »Vermenschlichung des Hundes« ziehen: Wenn man das Zuschreiben von Gefühlen und daraus resultierenden Bedürfnissen als anthropomorph, also vermenschlichend bezichtigen will. Wenn man eine solche Definition von Vermenschlichung anwendet, so lasse ich mich gern dahingehend beschimpfen: Ja, ich bin der festen Überzeugung, dass Hunde vielfältige Gefühle haben, dass diese Gefühle ihr Handeln mitbestimmen und dass wir als Menschen auf die Gefühle unserer Hunde auch Rücksicht zu nehmen haben. Doch das beinhaltet ganz klar, den Hund in seinen hundetypischen Eigenschaften und Bedürfnissen zu erkennen und ihn entsprechend zu behandeln.

Eine zutiefst abzulehnende Vermenschlichung des Hundes, wie ich sie definieren würde, ist jene, dem Hund seine arttypischen Verhaltensweisen absprechen zu wollen und ihm Bedürfnisse zu unterstellen, die vielleicht jenen der Menschen entsprechen, nicht aber jenen eines Hundes d.h., ihm zu versagen, sich als Hund benehmen zu dürfen.

Tierquälereien, die letztlich auf Vermenschlichung der Hunde beruhen

Ich denke, dass der Abscheu so vieler heutiger Hundetrainer gegen eine Vermenschlichung des Hundes stark daraus resultiert, dass sich in jüngster Zeit nun tatsächlich noch abstrusere Vernutzungen von Hunden ergeben haben, als man sie bisher schon kannte und von denen man vielleicht bisher dachte, die Krönung der Missachtung des Hundes als eigenständiger Spezies sei schon erreicht.

Qualzucht

Weil Menschen für sich mehr oder minder abstruse Vorstellungen davon haben, was »ästhetisch schön« ist, werden Hunde gezüchtet, die diesem Ästhetikbild genügen sollen – ohne Rücksichtnahme darauf, ob diese Eigenschaften von Körperbau, Fellstruktur, Formung der Augen, der Ruten etc., den Hund in seiner körperlichen Funktionsfähigkeit und/oder in seinem körpersprachlichen Ausdrucksverhalten beeinträchtigen. Hunde mit Glubschaugen oder Hängelidern (und der Folge ständig tränender Augen), plattgedrückten Schnauzen (und entsprechender Atemnot!), zu viel Haut auf zu wenig Körper (und entsprechenden Hauterkrankungen), von Miniaturformat (zum Teil mit offenen Fontanellen und entsprechender Verletzungsgefahr), oder von Riesenformat (und entsprechenden Herz-Kreislauf- sowie Gelenkproblemen) müssen durch diese Welt laufen, weil irgendwelche Menschen glauben, als »Krone der Schöpfung« das Recht zu haben, andere Lebewesen nach ihren ästhetischen Vorlieben ummodeln zu dürfen – egal, welches Leid sie damit verursachen.

Verkleiden von Hunden

Dass Kleinsthunde gerne auf dem Arm spazieren getragen werden, anstatt auf allen Vieren zu laufen, ist keine neue »Errungenschaft«. Doch was heute abläuft, wäre vor Jahren eher noch unter der Rubrik: »Karikatur« gelandet: Die passende Handtasche zum Hund, farblich abgestimmt, damit die Kleinsthunde nach Vorbild Paris Hilton in der Handtasche der Besitzerin durch die Weltgeschichte getragen werden. Galten früher strassbesetzte Halsbänder als das Höchste der

Perversion, so gibt es heute auf den großen Hundeausstellungen eine Unmenge von Verkaufsständen, die spezielle »Kleidung« für Hunde anbieten. Da geht es dann nicht um die bei manchen Rassen sinnvolle Decke für kalte, nasse Wintertage, sondern um Rüschenkleidchen und Lederkluft – natürlich samt Käppi und Brille etc. Weil der Mensch sich selber anhübscht, auch wenn man da natürlich sagen muss – Geschmäcker sind verschieden – glaubt er, sein Hund müsse das auch zu schätzen wissen. Und so müssen Hunde in den aberwitzigsten Verkleidungen durch die Gegend laufen.

Transportgefäße für Hunde

Weil man selber fußfaul ist, meint man, es müsse doch für den Hund das Größte sein, entweder im Täschchen getragen oder in speziellen Hundekinderwagen und Buggies herumgeschoben zu werden. Nicht das Bewegungsbedürfnis des Lauftiers Hund steht im Vordergrund, sondern die Lauffaulheit des Besitzers.
Wird der städtische Kleinsthund eher im Täschchen getragen, darf der »rustikale Landhund« mit heraushängender Zunge hinter dem Protzjeep seines Besitzers her hetzen, um seine Bewegung zu haben.

Hundehochzeiten

In den USA sind Hundehochzeiten nach dem Vorbild von menschlichen Hochzeiten der letzte Chic. Hündin und Rüde tragen selbstverständlich Brautkleid und Smoking.
Eine Vermählungszeremonie wird durchgeführt, befreundete Hunde als Trauzeugen zur Party geladen – und das alles für viele tausend Dollar.

Künstliche Hoden

Ebenfalls in den USA sind Hodenimplantate für kastrierte Rüden erhältlich. Der Gedanke, der hinter diesem Angebot steht: Die Rüden könnten sich minderwertig fühlen, wenn sie nichts mehr zwischen ihren Beinen baumeln haben – und dem müsse man Abhilfe schaffen. Hier scheinen Menschen, vornehmlich Männer, eigenes Gedankengut in ihre Rüden zu projizieren – ein klassischer Fall von Vermenschlichung. Schade nur, dass eigene Kastrationsängste nicht dazu führen, sich genau zu überlegen, ob eine Kastration überhaupt gerechtfertigt ist.

Hundetagesstätten

Und als allerneueste Errungenschaft dürfen wir uns nun auch in Deutschland über »Hutas« freuen: das steht als Kürzel für Hundetagesstätte – parallel zur »Kita« – der Kindertagesstätte. Weil man selber hinsichtlich seiner beruflichen Karriere keinerlei Abstriche zu machen gedenkt und weil man vielleicht zusätzlich auch noch wenig Lust verspürt, dem Hund mehrfach am Tag einen Spaziergang zu vergönnen, bringt man morgens seinen Hund zur Huta – und holt ihn abends wieder ab: Er hat dann seine Spaziergänge hinter sich, ist satt, vielleicht hat er sogar ein wenig Erziehung genossen, um die man sich dann auch nicht mehr kümmern muss. Er ist dann hoffentlich ein ermüdeter Begleiter, der sich zu Hause unauffällig und anständig verhält. Man brüstet sich dann noch damit, dass auf diese Art und Weise der Hund ja den ganzen Tag mit seinen Artgenossen zusammen sein konnte – was doch das Höchste der Gefühle sein müsste.

Igittigit

Für Menschen ist das Riechen an oder gar Fressen von Fäkalien mit einem hohen Ekelfaktor besetzt – was biologisch auch seinen Sinn hat, da wir so aus einem intuitiven Empfinden heraus die Fäkalien anderer Artgenossen lieber nicht anfassen oder gar essen – wir können uns damit viele Krankheiten einfangen. Für Hunde dagegen ist das Riechen an den Fäkalien anderer eine wichtige Informationsquelle – so, als wenn wir die Tageszeitung aufschlagen. Weil wir etwas eklig finden, was für die Spezies »Mensch« auch Sinn macht, ist für den Hund eine Notwendigkeit seiner Informationskultur. Apropos Kultur: In unserer Kultur gilt es als inakzeptabel, bei einer Fremdperson eine

Geruchskontrolle von Genitalien und Anusregion vorzunehmen – für Hunde ist es eine normale Form, um Bekanntschaft miteinander zu schließen. Viele Hundehalter finden ihren Hund »eklig«, weil er an Haufen schnuppert und vom Hinterteil einer Hündin nicht wegkommt.

Unsere Werte haben in Bezug auf die Aufrechterhaltung unserer menschlichen Gemeinschaft Sinn – aber in der Hundewelt gelten andere Werte, sind andere Dinge erlaubt oder tabu. Maßstab muss sein, was in der Hundewelt okay ist, und nicht, wie wir uns dabei fühlen!

Moralische Verurteilung

Dass ein Hundehalter nicht möchte, dass sein Hund andere Tiere killt, ist wohl leicht nachvollziehbar. Unbestreitbar ist auch, dass es einen erheblichen und bei vielen Hunden schwierigen Erziehungsauftrag bedeutet, diese vom Jagen abzuhalten. Doch eine moralische Bewertung des Hundes als schlecht, bösartig, aggressiv, hinterhältig, etc., wenn der die Nachbarskatze gekillt hat, wird dem hundlichen Denken nicht gerecht. Der Hund ist ein Beutegreifer. Wer in sein Beuteschema passt und nicht schnell genug weg ist, kann gepackt werden. Der Hund, der »nur« tötet, und dann noch nicht mal auffrisst, wird moralisch noch schlechter bewertet, so nach dem Motto: der hatte ja nicht mal Hunger. Auch da schlägt der vermenschlichende Zugang wieder zu. Der Hund kann auch durchaus Beute schlagen, wenn es sich denn anbietet und sie nicht gleich verzehren – das ist so, als wenn Sie als Mensch auf Vorrat bei Aldi Sonderangebote einkaufen.

Angepasst und nutzbringend

Unter dem Stichwort der Vermenschlichung würde ich auch fassen, dass der Hund in dieser Gesellschaft einem ähnlichen Bewertungsprozess unterliegt wie Menschen: Sind diese effizient, anpassungsfähig, belastbar und leistungsstark, bringen sie der Gesellschaft etwas. Oder sind sie eher unbrauchbar, ein Klotz am Bein, ein Kostenfaktor, weil sie nicht leistungsstark genug sind, den Ansprüchen des Arbeitsmarktes nicht entsprechen, weil sie krank sind oder Ecken und Kanten haben, die sich nicht abschleifen lassen? Ähnlich werden auch Hunde nach ihrem Nutzwert betrachtet: Sie sollen möglichst wenig Hund sein und sich anstandslos den Ansprüchen ihrer Halter an einen sich reibungslos anpassenden Begleiter fügen – ohne zu kläffen, sich mit anderen Hunden zu prügeln, sich in übel riechendem Unrat zu wälzen, Kot zu fressen, den Mülleimer auszuräumen, Besucher zu verbellen, die Wohnung auf den Kopf zu stellen, etc. Menschen sollen funktionieren – Hunde sollen funktionieren. Auch insofern könnte man von einer Vermenschlichung sprechen.

Um wieder zum Ausgangspunkt zurückzukommen: Ja, es muss von einer weitverbreiteten Vermenschlichung des Hundes im Sinne eines Absprechens hundeeigenster Bedürfnisse und einer Projektion menschlicher Bedürfnisse auf den Hund gesprochen werden.

Wie tief dieses abstruse Behandeln eines Hundes diesen in seiner Psyche schädigt, ist natürlich auch

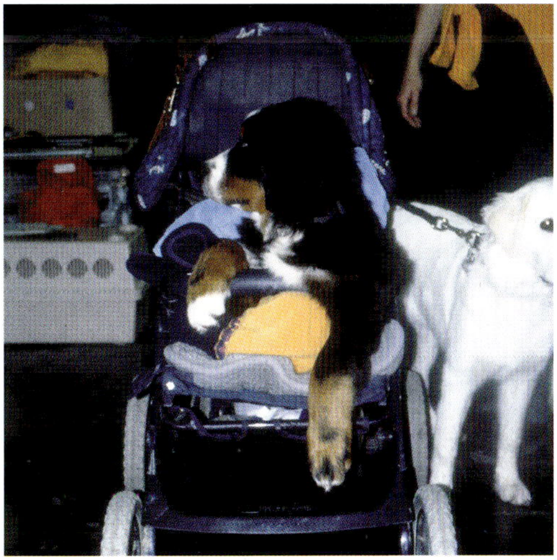

Hunde gehören nicht in Buggies

abhängig davon, um was es geht. Ich denke zum Beispiel nicht, dass ein Hund darunter leidet, kein normales Lederhalsband zu tragen, sondern eines, auf dem Brillis funkeln. Das ist ihm egal, er merkt es nicht, andere Hunde werden ihn deswegen kaum anders behandeln. Ein Hund, der nicht auf seinen Beinen laufen darf, sondern als gesunder Hund in der Handtasche getragen oder im Buggy gefahren wird, ist dagegen eine bedauernswerte Kreatur und der Besitzer gehört wegen Verstoßes gegen das Tierschutzrecht angezeigt. Wenn ein Hundehalter glaubt, seinem Hund das Fressen auf einem Silberteller reichen und mit Petersilie garnieren zu müssen, wie es uns die Werbung so schön vormacht, so dürfte das den Hund nicht beeinträchtigen. Wenn jedoch der Vegetarier meint, auch seinen Hund vegetarisch ernähren zu müssen, so ist das ebenfalls tierschutzwidrig, weil ein Hund so nicht artgerecht ernährt werden kann. Wenn einem Spanienimport, der sich im zugigen, nassen, kalten Norden während des Winter nur zitternd draußen bewegt, für diese Jahreszeit eine Hundedecke angezogen wird, so ist das okay, auch wenn er damit natürlich in seiner Bewegung leicht eingeschränkt wird.
Wenn ein Hund aber in ein Ganzkörperkostüm gesteckt wird, um im Leopardendesign zu Frauchens Mantel zu passen, so wird dieser Hund mit Sicherheit in der Kommunikation mit seinen Artgenossen Probleme bekommen.
Die Beispiele ließen sich unendlich fortführen. Und daher kann ich verstehen, dass viele Menschen, die professionell mit Hunden und ihren Menschen arbeiten, so sehr empfindlich dagegen sind, Hunde zu vermenschlichen.

Doch ich denke, dass diese berechtigte Kritik nicht dazu führen darf, sich zu scheuen, dem Hund »menschliche« Gefühle zuzusprechen wie z.B: Angst, Panik, Lustempfinden, Trauer, Enttäuschung, Vorfreude, Eifersucht, Verlustängste, Demütigung, Frustration. Zum Glück mehren sich in der wissenschaftlichen Forschung die Stimmen und das Gewicht derer, die Tieren Gefühle zusprechen – und die nicht nur felsenfest behaupten: Ja, ein Tier wie der Hund hat Gefühle, sondern die auch belegen können, dass in den Gehirnen der Tiere, gerade der hochentwickelten Säugetiere, wie es Hunde sind, die gleichen chemischen Botenstoffe zum Tragen kommen, die gleichen Hirnareale aktiviert werden, wie beim Menschen. Lange Zeit gab es »nur« anekdotenhafte Berichte von Menschen über ihre Tiere, Hunde im Speziellen, zum Beispiel darüber, wie diese über den Verlust des Menschenpartners in tiefe Trauer versunken sind. Und niemand, der eng mit seinem Hund zusammenlebt, wird ernsthaft bestreiten wollen, dass dieser Gefühle hat.

Neu ist aber, dass man mit neuen wissenschaftlichen Methoden vor allem der Neurophysiologie eben auch wissenschaftlich anerkannte Beweise dafür bringen kann, dass es eben nicht nur der Mensch ist, der über ein großes Gefühlsspektrum verfügt – sondern auch das Tier im Allgemeinen und der Hund im Speziellen. Ja, es gibt Wissenschaftler, wie zum Beispiel den britischen Biologen und Verhaltenstherapeuten Dr. Peter Neville, die die These vertreten, dass gerade die Fähigkeit des Hundes, eine enge, tiefe, emotionale Bindung zu einer anderen Spezies, nämlich dem Menschen, aufzubauen, der Grund dafür ist, dass der Hund zum weltweit verbreitetsten Haustier werden konnte.

Sie werden es in diesem Buch immer wieder mit Begriffen zu tun bekommen – wie man sie aus der Humanpsychologie kennt – was die Gefühlswelt der Hunde, aber auch die verschiedenen Persönlichkeitstypen betrifft. Wenn man das als vermenschlichend bezeichnen will – gut, dann mache ich mich dieser gerne schuldig. Aber ich definiere Vermenschlichung anders.

Dieses ganze Buch beruht auf einer grundsätzlichen Einstellung: Ein Hund ist ein Wesen mit einem großen

Gefühlsspektrum. Jeder Hund ist eine einzigartige, individuelle Persönlichkeit. Und das gilt auch für den erst wenige Wochen alten Welpen, den Sie in Ihre Obhut übernehmen: Er hat einen spezifischen Charakter, der verdient, respektiert zu werden. Er kennt vielfältige Gefühle, die ebenfalls respektiert werden sollten und er hat wie jedes Menschenkind ein Anrecht darauf, möglichst vielfältige Chancen zu bekommen, sich entwickeln zu dürfen – und hier setzt Ihre Verantwortlichkeit ein.

Warnhinweis 3: In der Erziehung ist nicht alles machbar

Wenn ich Ihnen in diesem Buch aufzeige, was Sie alles unternehmen sollten, um dem Welpen und Ihrer gemeinsamen Beziehung zum besten Start ins Leben zu verhelfen, so möchte ich damit eines dennoch nicht: Den Eindruck erwecken, als bestimmten ausschließlich Sie und die »Güte« Ihrer Bemühungen um den Welpen, ob aus diesem das wird, was sich wohl die meisten Hundebesitzer wünschen: Ein freundlicher, sicherer, angenehmer Partner, der einen überallhin mit begleiten kann, ohne dass es zu Problemen kommt. Ich nenne dieses Denken den »Machbarkeitswahn in der Hunderziehung«: Verabschieden Sie sich von dem Gedanken, dass Sie mit dem Welpen ein unbeschriebenes, weißes Blatt übernehmen, auf dem Sie dann Ihre Handschrift hinterlassen und Ihren Hund zu dem machen, was Sie sich vorstellen, sofern Sie nur eben alles richtig machen. Sie sind ein wesentlicher Faktor in der Entwicklung des Welpen – aber nicht der einzige! Sie übernehmen mit Ihrem achtwöchigen (oder noch älteren) Welpen eine kleine, individuelle Hundepersönlichkeit, die Sie nicht nach Gutdünken in irgendeine Richtung formen können. Liebe zum Hund bedeutet auch, seine individuelle Persönlichkeit zu achten und zu respektieren und ihn nicht nach Biegen und Brechen in einen Hund umwandeln zu wollen, der Ihren Vorstellungen entspricht.

Daher sollen Sie in diesem Buch auch Antworten auf die Fragen finden:

- Was kann ich an Verhaltensweisen zulassen?
- Wie erkenne ich problematische Entwicklungen?
- Wie greife ich ein?
- Was sollte ich einfach hinnehmen als besondere Eigenheit dieses meines Welpen?

Der Hovawart bei einer Lieblingsbeschäftigung von Welpen: Kauen

1 Vom Wesen des Hundes

Die Verträglichkeit mit Artgenossen ist nicht nur eine Frage der sorgfältigen Sozialisation

Wenn Sie einen Welpen zu sich nehmen, so kommt ein Lebewesen ins Haus, das zwar der älteste tierische Begleiter des Menschen ist, das aber eben immer noch ein Tier und kein niedlicher »Kleinmensch« ist. Um mit diesem Lebewesen eine für beide Seiten glückliche Partnerschaft aufzubauen, muss der Mensch sich anstrengen, seinen Hund zu verstehen, das Wesen des Hundes zu ergründen. Einige ganz zentrale Dinge sollten Sie über den Hund als Lebewesen wissen.

Der Hund ist ein soziales Wesen, das in einem hierarchischen Rudelverband lebt

Daraus ergeben sich wichtige Anforderungen an seine Haltung und Erziehung: Ständiges, langes Alleinlassen ist nicht artgerecht. Die Nichtermöglichung von Kontakten zu seinen Artgenossen ist Tierquälerei. Es ist geradezu eine Frage des Tierschutzes, dem Hund eine klare Einordnung in die Familienhierarchie zu geben und sein Bedürfnis nach Führerschaft durch eine positive Autoritätsperson zu befriedigen (s. Kapitel 6).

Der Hund ist ein Jäger

Da ihm in unserer Gesellschaft das Jagen verboten ist und es ihm das Leben kosten kann, ist es die Aufgabe des Hundebesitzers, den Jagdtrieb des Hundes unter Kontrolle zu bringen.

Dabei sind zwei Wege parallel zu beschreiten: Am Gehorsam des Hundes zu arbeiten und den Jagdtrieb des Hundes über Spiel in andere Richtungen umzulenken. Jagende Hunde sind keine verhaltensgestörten »Killerbestien«, sondern folgen lediglich ihrem Instinkt, was jedoch unter unseren heutigen Lebensbedingungen in der Regel nicht tragbar ist.

Alle Rassen sind ursprünglich zu bestimmten »Gebrauchszwecken« gezüchtet worden

Rassen unterscheiden sich erheblich danach, inwieweit es gelungen ist, den Jagdtrieb hinauszuzüchten. Bereits bei der Welpenauswahl sollte dieser Aspekt berücksichtigt werden. Wer sich zum Beispiel für einen **Beagle** entscheidet, darf es seinem Hund nicht ankreiden, wenn der auf Spaziergängen gerne stöbern geht.
Der Verwendungszweck des Hundes bestimmte das Zuchtziel auf Wesenseigenschaften und äußere Merkmale hin. Auch unsere heutigen Rassehunde tragen mehr oder weniger stark das Erbe ihrer Vorfahren in sich. Das bedeutet, dass sie sich in ihrem typischen Verhalten voneinander unterscheiden.

Ein **Herdenschutzhund** wie der Kuvasz, der zum Zwecke des Bewachens einer Herde gezüchtet worden ist, zeigt zum Beispiel in der Regel kein Jagdverhalten, aber eine hohe Wachsamkeit und Verteidigungsbereitschaft.

Die niederläufigen **Terrier**, wie zum Beispiel der West Highland White Terrier, die zur Rattenjagd und zur Jagd nach Füchsen und Dachsen in deren Bauten gezüchtet worden sind, brauchen dafür ein hohes Aggressionspotential und eine starke seelische wie körperliche Härte.

Die Rassezugehörigkeit beeinflusst wesentliche Charakterzüge

Hütehunde wie der Border Collie zeigen alle Anfangssequenzen des Jagdverhaltens, mittels derer sie die Schafe treiben und zusammenhalten, doch die letzte Sequenz des Tötens ist ihnen weitgehend weggezüchtet worden. Hütehunde wollen in der Regel viel beschäftigt werden, eine Aufgabe erfüllen dürfen.

Manche **Kleinsthunde** wie zum Beispiel die **Spitze** sind ursprünglich zum Zweck des »Klingelersatzes« gezüchtet worden und äußern sich dementsprechend lautstark.

Im **Jagdhundebereich** gibt es die verschiedensten Aufgaben für Hunde: Das Wild aufzustöbern (zum Beispiel Deutscher Wachtelhund); das Wild auf Sicht zu verfolgen (Windhunde wie zum Beispiel die Whippets); das erlegte Wild zum Jäger zu bringen (die Retrieverrassen). Und es gibt natürlich die Allrounder, die mehrere Aufgaben bewältigen, wie zum Beispiel der Deutsch Drahthaar, der Wild aufspürt, vorsteht, apportiert oder auch nachsucht.
Wer zum Stöbern geboren worden ist, rennt entsprechend aufmerksam durch die Landschaft und ist bei fehlender Erziehung ständig in den Büschen verschwunden. Wer die leckere Beute unangetastet zu seinem Herrn zurückbringen muss, darf natürlich überhaupt keine Neigung haben, sich mittels seiner Zähne der Wegnahme zu entziehen, was das (ursprünglich) geringe Aggressionspotential der Retrieverrassen erklärt.

Machen Sie sich daher schlau, zu welchen Zwecken eigentlich der von **Ihnen** gewählte Hund gezüchtet worden ist und was die diese Rasse bestimmenden Charaktereigenschaften sind. Wenn Sie einen Mischlingshund haben, ist das natürlich viel schwerer, aber manchmal weiß man ja etwas über die Elterntiere. Das Problem bei Mischlingshunden ist jedoch, dass man nie vorhersagen kann, welche Verhaltenseigenschaften der Eltern sich im Welpen gemixt haben.

Hunde unterscheiden sich in ihren Wesensstrukturen bereits bei der Geburt

Ein Welpe kommt nicht als unbeschriebenes Blatt auf die Welt, sondern bringt bestimmte genetische Dispositionen mit. Diese sind zum einen in seiner Rassezugehörigkeit/Mischung begründet, zum anderen in der individuellen genetischen Ausstattung. Hinzu kommen geschlechtsspezifische Unterschiede – und wie man neuerdings weiß, spielen auch beim Hund pränatale Erfahrungen eine Rolle. So neigen zum Beispiel Hündinnen, die im Mutterleib mit vielen Rüden als Geschwister gelegen haben, häufig zu maskulinisiertem Verhalten.

Unterschiede betreffen beispielsweise:

- Das Temperament: Man kann diesbezüglich deutliche Unterschiede der verschiedenen Welpen sehen: Es gibt die eher ausgeglichenen, gelassenen. Es gibt die eher phlegmatischen, die wenig hinter dem Ofen hervorzulocken mag. Es gibt die temperamentvollen, stets zu allem bereiten Hunde. Es gibt die hyperagilen, nervösen, die kaum mal auf ihren vier Buchstaben sitzen bleiben können.
- Die seelische »Härte«: Es gibt Hunde, die von ihrer Struktur her eher weich veranlagt sind, andere sind eher hart im Nehmen.
- Das Neugierverhalten: Welpen unterscheiden sich dahingehend, inwieweit sie ihre Umgebung forsch und neugierig erkunden, oder im Gegensatz dazu eher vorsichtig allem Neuen aus dem Weg zu gehen versuchen.
- Das Bestreben, sich durchzusetzen: Man kann deutliche Unterschiede dahingehend erkennen, ob ein Welpe dazu tendiert, Streitereien vom Zaun zu brechen oder diese möglichst zu umgehen. Die Bereitschaft, sich das, was man will, zu erkämpfen bzw. sich das, was man nicht will, mittels Aggressionsverhalten vom Hals zu halten, ist bei Welpen deutlich unterschiedlich ausgeprägt.
- Die Begeisterung für Menschen: Diese wird nicht von allen Welpen im gleichen Umfang geteilt.

All die beschriebenen Merkmale sind enorm wichtig für das Zusammenleben mit dem Hund. Ein Welpe, der temperamentvoll und draufgängerisch agiert, hart im Nehmen ist und sich mit aller Macht durchzusetzen versucht, stellt an seinen Halter ganz andere Anforderungen als ein schüchterner, unsicherer Welpe, der sensibel schon auf das bloße Erheben der Stimme reagiert und der bei Streit immer klein beigibt. Züchter, die wirklich aus Liebe zum Hund züchten und mit ihren Welpen die gesamten ersten Lebenswochen verbringen, kennen ihre Pappenheimer und teilen den Welpeninteressenten die jeweils am besten passenden Welpen zu. Ich hoffe für Sie, dass auch Sie von ihrem Züchter/Welpenverkäufer entsprechend gut beraten worden sind und nicht nach wenigen Tagen eine böse Überraschung erleben, wenn sich der angeblich eher phlegmatische Welpe zu einem »Hans Dampf in allen Gassen« entwickelt. Für Sie als Besitzer ist es wichtig, sich auf das Wesen Ihres Hundes einzustellen und den Umgang mit ihm und seine Erziehung entsprechend zu gestalten.Sie als Hundebesitzer beeinflussen Ihren Hund ganz entscheidend, dennoch bekommen Sie keine »weiche Knetmasse«, die beliebig in jede Richtung zu formen ist. Der Hund bringt genetisch bedingt einiges an Verhaltensweisen mit und die ersten Wochen beim Züchter können ihn entweder hervorragend auf sein Leben vorbereitet, oder schon zu großen Teilen »versaut« haben.

Dennoch sollten Sie dies nicht als Entschuldigung für alle Macken Ihres Hundes vorschieben: Durch Ihre Bemühungen können Sie vieles lenken, ausbügeln, verbessern. Eine »Transuse« kann durch Ihr motivierendes Arbeiten zu einem agileren Hund werden. Ein ängstlicher Welpe kann durch Ihr behutsames, kontinuierliches Heranführen an die Angst machenden Situationen zum stabileren Hund werden. Ein Welpe, der bisher immer gewonnen hat, wenn es darum ging, sich durchzusetzen, kann durchaus so erzogen werden, dass er sich an unterer Stelle in Ihrem Familienrudel einordnet. Der Border Collie muss nicht neurotisch, der Spitz muss nicht zum Dauerkläffer und der Schäferhund nicht zur Bedrohung für friedliche Menschen werden. Aber verlangen Sie von Ihrem Hund nicht auf Biegen und Brechen etwas ab, was seinem Wesen nicht entspricht. Der Retriever muss nun wirklich nicht mit aller Macht in den Schutzdienst gedrängt werden; der Husky muss nicht unbedingt apportieren; der Rottweiler muss nicht jeden unangekündigten Besuch auf seinem Gelände mit Handkuss begrüßen; der Bernhardiner muss nicht über den Agility-Parcours gehetzt werden.

Nicht zu unterschätzen sind auch biochemische Stoffwechselprozesse, die das Verhalten des Hundes

Ein Team

Wichtig

Das je aktuelle Verhalten des Hundes ist immer ein Zusammenspiel aus genetischen Veranlagungen, seiner bisherigen Biographie, d.h. also seinen Lernerfahrungen, seinem momentanen Gemütszustand, der zum Beispiel auch durch körperliches Wohlbefinden oder Krankheit bestimmt wird, und den Gegebenheiten der Situation.

mitbestimmen. Zu eiweißhaltige Nahrung kann zum Beispiel über bestimmte Wirkungen auf die Schilddrüse aggressives Verhalten fördern. Manche für den Menschen als stereotyp erscheinenden Verhaltensweisen wie zum Beispiel ständiges Pfotenlecken können im Stoffwechsel des Hundes zur Ausschüttung regelrechter Glückshormone führen, die den Hund »high« machen. Er wird regelrecht süchtig und leckt daher immer weiter an den Pfoten, obwohl der ursprüngliche Anlass (wie zum Beispiel eine Granne im Zehenzwischenraum) schon längst nicht mehr gegeben ist. Geschlechtshormone haben ebenfalls einen Einfluss auf das Verhalten.

Hunde sind keine Menschen, aber sie bringen wie kein anderes Tier die Fähigkeit und die Bereitschaft mit, mit dem Menschen eine Partnerschaft einzugehen. Ob diese gelingt, hängt zum größten Teil davon ab, wie der Mensch diese gestaltet.

Aus diesen Kenntnissen über den Hund leiten sich für Sie als Welpenbesitzer wichtige Dinge ab, die Sie sich unbedingt klarmachen und nach denen Sie handeln müssen. Dieses kleine Buch versucht, Ihnen dabei wesentliche Hilfestellungen zu geben.

2

Was Sie unter Umständen alles erwartet ...

Mit dem Erwerb eines Welpen gehen in der Regel eine ganze Reihe von Hoffnungen einher: Man möchte ein treues, warmes Wesen, mit dem man sein Leben teilen kann, einen Ansprech- und Schmusepartner, einen Partner, der uns auf Bergtouren, beim Joggen oder Radfahren begleitet, einen Kameraden, mit dem man im Hundesport seine Freizeit verbringen kann, einen Hund, der uns vielleicht beschützen kann, einen Gefährten für unsere Kinder. Hunde bereichern unser Leben unglaublich. Der Hund ist von allen Tieren dasjenige, das sich am engsten dem Menschen anschließt und die besten Voraussetzungen mitbringt, zum engen Sozialpartner des Menschen zu werden. Auch wenn Hunde heute in den seltensten Fällen noch ihren angestammten Gebrauchszwecken wie Helfer bei der Jagd, Bewacher von Haus und Hof, Hüter und Beschützer des Viehs, Lastenzieher, etc. nachgehen, bedeutet das nicht, sie hätten an Bedeutung eingebüßt, im Gegenteil: Wissenschaftliche Forschung im Bereich der Psychologie, Pädagogik und Gesundheitswissenschaften hat zweifelsfrei bewiesen, dass das Zusammenleben mit einem Hund das seelische und körperliche Wohlbefinden seines Halters enorm fördert – sofern sich der Halter auch auf eine wirkliche Bindung zu seinem Hund einlässt.

Zeig mir die Welt!

Für mich ist die Welpenzeit die großartigste Zeit im Zusammenleben mit dem Hund: Welpen sind lebensfroh, lustig, gut gelaunt, bestaunen die Welt, sind nahezu allzeit spielbereit. Sie riechen so wunderbar, man kann herrlich mit ihnen schmusen, man kann über ihre schnellen Entwicklungsschritte staunen, sich über ihre tollpatschigen Ausrutscher kaputtlachen. Ein Synonym für Welpe könnte lauten: Lebensfreude pur – immer vorausgesetzt, dass er schon acht glückliche Wochen bei einem guten Züchter verbracht hat. Ein beim Züchter gut aufgezogener Welpe kommt Ihnen mit offenem Herzen entgegen – bereit, Sie als seinen Hauptlebenspartner zu akzeptieren – neugierig auf die Welt, die Sie ihm zeigen sollen.
Aber nicht alle Erwartungen werden sich immer erfüllen, und das Leben mit einem Hund bringt auch Schattenseiten mit sich.

Einen Welpen in die Familie aufzunehmen, bedeutet auch – und je nach Hund und vorausschauendem Handeln der Besitzer schwächer oder stärker ausgeprägt – eine Menge Veränderungen, Umstellungen, Stress, Sorgen, Ärger. Der Tagesablauf verändert sich, gewohnte Routinen können nicht mehr so durchgezogen werden. Eventuell finden Sie am Tag keine Ruhe, um sich zu entspannen, die Hausarbeit zu erledigen oder vielleicht zu Hause Ihrer Erwerbstätigkeit nachzugehen, weil der Welpe nahezu permanent wach ist und nur Unsinn im Kopf hat. Vielleicht können Sie wochenlang nachts nicht durchschlafen, da Sie ihn hinausbringen müssen, weil seine Blase noch nicht eine ganze Nacht durchhält.
Man kommt u. U. zu nichts mehr. Die Vorstellung, man macht mit dem Welpen einen kleinen Spaziergang, kommt zurück, dann schläft er ein paar Stunden, in denen man dann seine Ruhe hat, erweist sich bei so manchem Welpen als zutreffend, bei anderen jedoch liegen nach wenigen Wochen die Nerven der Besitzer blank: Der Welpe schläft tagsüber so gut wie gar nicht, ist immer in Aktion. Wird er zwangsweise zur Ruhe gestellt, indem er in eine Box verbracht wird, reagiert er nicht mit resigniertem Schlafen, sondern bellt unaufhörlich – stundenlang.

Wer zu Hause arbeitet oder den Hund mit zur Arbeitsstelle nehmen kann, wird u.U. die Erfahrung machen, dass konzentriertes Arbeiten nicht mehr möglich ist, weil der Welpe kaum schläft und im Wachzustand nun einmal nur Dummheiten vorhat. Alles muss mit dem Maul erkundet werden, alles ist spannend, da wird auch kein Halt vor dem PC-Kabel gemacht. Man ist in einem wichtigen Gespräch, der Welpe zeigt aber an, dass er dringend Pipi muss – also Gespräch abwürgen – oder der Welpe hat schon gepillert.

Bei manchen Welpen dauert es mit der Stubenreinheit länger

Kann man den Welpen nicht mit zur Arbeit nehmen, stellt sich die Frage, ob er allein bleibt. Bei manchen Welpen klappt das reibungslos, andere können über Wochen hinweg nur in sich langsam steigernden kleinen Zeitintervallen an das Alleinbleiben gewöhnt werden. Dehnt man die Zeit zu früh zu lang aus, sind Bellen und/oder in die Wohnung machen und/oder Zerlegen des Mobiliars die Folge.

In den ersten Wochen und Monaten können einige lieb gewonnene Freizeitbeschäftigungen durch den Welpen erheblich eingeschränkt werden. Zunächst einmal »kostet« Ihr Welpe Zeit: für Spaziergänge, Teilnahme an Welpenspielstunden, Fellpflege, Spiel und Beschäftigung, Erziehungsübungen, vermehrtes Saubermachen, etc. Zeit, die Ihnen für gewohnte Aktivitäten dann fehlt. Da Welpen erst schrittweise ans Alleinbleiben gewöhnt werden können, kann man sie anfangs noch nicht für die Dauer eines Kino- oder Theaterbesuchs allein lassen. Dort, wo Welpen mitgenommen werden dürfen, sollte Ihr kleiner Kerl von Anfang an dabei sein, nur können Welpen noch nicht so lange laufen. Ein ausgedehnter Einkaufsbummel ist daher mit dem Welpen nicht möglich, aber Sie können (und sollten!) ihn zu kleinen Ausflügen, wie zum Beispiel dem Einkauf von Blumen im Blumengeschäft oder dem Kauf von Futter im Zoofachhandel mitnehmen (s. im Kapitel 10 zur Umweltgewöhnung).

Die Waschmaschine läuft ständig, weil man selbst nach jedem Spaziergang dreckige Klamotten hat, und der Welpe so viele Handtücher braucht, bis man ihn sauber und trocken hat.

Kommt Ihr Welpe als Zweithund in Ihre Familie, sehen Sie sich vielleicht mit dem Problem konfrontiert, dass der Althund total genervt ist und den Welpen immer nur wegdroht, wenn dieser sich ihm nähert (siehe im Kapitel 8 zum Thema: Der Welpe als Zweithund).

Haben Sie Kinder, so könnte es sein, dass Sie diese ständig vor den scharfen Milchzähnchen des Welpen retten müssen – der die Rennspiele der Kinder so toll findet, dass er mitmachen will und dann natürlich auch zufassen möchte – wenn er die Beute erwischt hat. Oder, was häufiger vorkommen dürfte: Sie sind permanent damit beschäftigt, den Welpen vor den Malträtierungen Ihrer Kinder zu retten (siehe im Kapitel 7 zum Thema: Hund und Kind).

Machen Sie sich auf Verluste gefasst: Das können von Urin und/oder Durchfall unrettbar beschädigte Teppiche sein, zernagte Türen und anderes angeknabbertes Mobiliar, angefressene Schuhe, zerlöcherte

Auch Welpen prügeln sich manchmal heftig

nicht den Ball abjagen darf, wo er doch sonst so gerne mit Frauchen Bälle werfen spielt.

Nicht alle Freunde werden verständnisvoll schweigen, wenn Sie mit Ihrem Welpen bei ihnen zu Besuch sind und ihm dort auf dem teuren Perserteppich ein Malheur passiert. Welpen und junge Hunde können ihre Besitzer in peinliche Situationen bringen. Da kann man sich dann nur sagen: »Wir arbeiten dran – nobody is perfect.« In Auseinandersetzungen mit anderen, von Ihrem Welpen »geschädigten« Menschen, sollten Sie die Ruhe bewahren, die Reinigung von Mantel oder Teppich anbieten und Besuche mit Hund im Freundeskreis eben nur noch bei hundefreundlichen Freunden, Bekannten und Verwandten machen.

Über die Zeit hinweg wird sich der Freundeskreis vermutlich sowieso verändern, da es wenig Freude macht, seine Freizeit mit hundefeindlich eingestellten Mitmenschen zu verbringen, zumindest, wenn der Hund an der Freizeitbeschäftigung beteiligt ist. Bei manchen Freunden ist man nicht mehr gern gesehen, weil der Hund haart, Dreck macht und ständig den Besitzer ablenkt.

Aber trösten Sie sich: Sie werden garantiert über Ihren Hund neue nette Menschen kennen lernen.

Handtücher und Socken, ausgeräumte Mülleimer, zerdeppertes Geschirr nach Ziehen an der Tischdecke, zerrupfte Grünpflanzen, ein nach Erbrochenem riechendes Auto, weil der Welpe bei jeder Autofahrt spuckt. Oder die Rückbank wird zerlegt, der Sicherheitsgurt durchgekaut, während der Welpe im Auto auf Sie warten sollte.

Nicht alle anderen Menschen finden Welpen einfach nur süß. Machen Sie sich auf Ärger gefasst:
Ein Welpe ist zunächst einmal ein unerzogener kleiner Derwisch, der noch nicht weiß, dass nicht alle Leute begeistert sind, wenn er zur Begrüßung fröhlich an ihnen hoch hüpft; der nicht verstehen kann, warum man den lustig blinkenden, sich schnell bewegenden Kreisen (Fahrräder!) nicht nachrennen darf; der es ebenso wenig versteht, warum er den spielenden Kindern

3

Was Sie erledigt haben sollten, bevor der Welpe einzieht

Sind Sie sich wirklich sicher? – Der Hund als Partner für das ganze Leben

Wenn man sich für das Aufnehmen eines Welpen in die Familie entscheidet, bedeutet dies, dass man für die nächsten 10–15 Jahre eine Entscheidung getroffen hat. Solange wird unser Hund, wenn alles gut geht, mit uns durchs Leben gehen. Als Welpe macht er uns sehr viel Freude, bringt uns aber auch ganz schön ins Schwitzen. Kommt er dann ins Flegelalter, wünscht man sich vielleicht manchmal, man hätte sich nie einen Hund angeschafft. Ist er endlich nicht nur körperlich, sondern auch seelisch erwachsen, atmet man auf und denkt doch manchmal mit Wehmut an die Zeit, als er noch als quirliger Wildfang um uns herumgewuselt ist. Mit dem Älter- und Altwerden des ehemaligen Knirpses muss man mit verschiedenen Marotten des Hundes leben lernen. Man muss mit ansehen, dass er nicht mehr so spritzig laufen kann und die eigenen Freizeitbeschäftigungen seiner Leistungsfähigkeit anpassen. Schließlich heißt es, den Lebenspartner Hund auch in seiner Sterbestunde zu begleiten. Sie werden über die lange Zeit hinweg mit Ihrem Hund zusammenwachsen – jede Altersphase des Hundes hat ihre schönen Seiten.

Eine große Verantwortung

Mit dem Welpen übernehmen Sie eine große Verantwortung. Sie lassen sich nicht nur darauf ein, einen weiteren (Fr)esser im Haus zu haben, der neben Futterkosten auch weitere Kosten wie die Anschaffung von Zubehör, Tierarztrechnungen, Haftpflichtversicherung, Hundesteuer, eventuell ein größeres Auto, Schäden am Mobiliar, Kosten für Erziehungskurse, etc. verursacht. Sie müssen sich um sein körperliches Wohlergehen bemühen. Das erfordert Kenntnisse über die richtige, ausgewogene Ernährung und Bewegung. Regelmäßige Impfungen und Entwurmungen sind nötig.

Noch sind es einige Wochen bis zum Auszug aus der Welpenkiste.

Gleiches gilt für die Fellpflege, und Sie werden lernen müssen, Krankheitsanzeichen frühzeitig zu erkennen. Doch Ihre Verantwortung beschränkt sich nicht nur darauf, den geliebten Gefährten vernünftig zu ernähren, zu bewegen und zu pflegen, sondern ebenso darauf, dem Welpen die besten Bedingungen für eine optimale geistig-seelische Entwicklung zu bieten. Das bedeutet, sich auf das Lebewesen Hund einzulassen, sein Wesen zu verstehen, Geduld und Fingerspitzengefühl zu beweisen – und es bedeutet Zeit, Zeit und nochmals Zeit für das neue Familienmitglied haben zu müssen. Schließlich gilt es, den so unschuldig dreinblickenden Kleinen zu erziehen – vom ersten Tag an.

Soll es wirklich ein Welpe sein?

Die Entscheidung für einen Hund ist die eine Sache, die Entscheidung für einen **Welpen** noch eine andere. Vielleicht passt ein ausgewachsener Hund gut zu Ihnen – aber für die Aufzucht eines Welpen sind die Lebensbedingungen nicht ideal? Wie im Kapitel 2 bereits beschrieben, kann ein Welpe auch unglaublichen Stress mit sich bringen. Sind Sie wirklich bereit, all das

Dieser Wurf Schapendoes wächst in einer anregungsreichen Umwelt auf

auf sich zu nehmen? Können Sie sicherstellen, dass Ihr Welpe nicht zwangsweise über einen Zeitraum allein sein muss, den er noch nicht verkraftet? Sind Sie gesundheitlich in der Lage, eventuell über Wochen nachts aufzustehen? Haben Sie so viel Zeit, wie ein Welpe sie benötigt? Haben Sie die Nerven, sich vielleicht permanent von Ihrem Welpen in wichtigen Tagesangelegenheiten unterbrechen zu lassen? Sind Sie bereit, Schäden in Ihrer Wohnung in Kauf zu nehmen?

Welpen machen mehr Arbeit als erwachsene Hunde. Dennoch ist für viele Menschen gerade die Welpenzeit die allerschönste. Welpen riechen so gut, dass man immerzu die eigene Nase in ihr Fell bohren möchte. Welpen erheitern uns, wenn wir beobachten, wie sie ein schnelles Rennen versuchen und doch nur zu einem Hoppelgalopp in der Lage sind. Statt elegantem Sprung vom Sofa legen sie einen Bauchklatscher hin.
Welpen sind meist gut gelaunt, zu jedem Spiel bereit und bringen uns ihr ganzes Vertrauen entgegen. Sie machen rasante Entwicklungsfortschritte – fast jeden Tag kann man etwas neues an Ihnen beobachten: Sie kapieren plötzlich den Sinn von Wörtern, sie erkennen das Geräusch des gerade vor dem Haus einparkenden Familienautos und rennen zur Tür; sie fügen sich in den Alltagsrhythmus der Familie ein, trauen sich immer mehr, ihre Umwelt zu erobern.

Die Welpenzeit ist so wunderschön – und geht leider viel zu schnell vorbei, so dass man sein Glück mit dem neuen Lebensgefährten in vollen Zügen genießen sollte.

Soll es wirklich dieser Welpe sein?

Dieses Buch ist keine Anleitung für den Hundekauf im Allgemeinen und den Welpenkauf im Speziellen. Dazu gäbe es eine Menge zu schreiben! Meiner Meinung nach könnte viel Leid für Hund und Mensch verhindert werden, wenn sich Menschen **vor** der Anschaffung eines Hundes mehr und besser informieren würden. Viele Probleme entstehen schlicht und einfach daraus, dass ein Mensch sich den für ihn falschen Hund aussucht. Das fängt mit der Entscheidung für eine bestimmte Rasse/einen Mischling an, geht mit der Entscheidung pro Rüde versus Hündin weiter, geht schließlich ganz wesentlich weiter mit der Entscheidung darüber, wo man seinen Welpen kauft – und findet sein Ende darin, welchen Welpen man aus einem speziellen Wurf auswählt.

Da Sie dieses Buch lesen, gehören Sie ja zu den Welpenkäufern, die sich informieren möchten. Ich hoffe für Sie und Ihren Welpen, dass vor dieser Information zur Aufzucht und Erziehung des Welpen bereits ein langer Informationsprozess im Hinblick darauf, für welchen Welpen Sie sich entscheiden sollen, gestanden hat. Das betrifft insbesondere die Rasse/Mischung, für die Sie sich entschieden haben. Sollten Sie den Welpen primär nach äußeren Gesichtspunkten ausgewählt haben, so rate ich Ihnen dringend, sich über die gewählte Rasse zu informieren. Fachliteratur gibt es genug und auch das Internet ist eine reiche Quelle. Sollte ein Mischling bei Ihnen einziehen, können Sie sich – sofern bekannt – über die rassetypischen Eigenschaften derer informieren, die bei ihm mitgemischt haben. Rassen bzw. Mischlinge unterscheiden sich z. T. ganz erheblich darin, was ihre Haltungsansprüche und ihre eher typischen Charaktereigenschaften betrifft – und somit auch hinsichtlich der Entstehung möglicher problematischer Verhaltensweisen. Wenn Sie einen guten Züchter ausgewählt haben, sollten Sie die Wahl des Welpen unbedingt in Abstimmung mit ihm vornehmen. Sehr viele Züchter lassen die Welpeninteressenten bewusst gar nicht auswählen, weil man als Besucher immer nur einen Verhaltensausschnitt des Welpen zu sehen bekommt. Ein guter Züchter lebt 24 Stunden am Tag mit seinen Welpen zusammen, beobachtet diese und kann daher eher erkennen, welche Eigenschaften ein Welpe mitbringt.

Informieren!

Wenn Sie sich vor der Anschaffung Ihres Welpen durch das Lesen von Büchern und Fachzeitschriften, die Gespräche mit Züchtern und anderen Hundehaltern über das Wesen des Hundes und seine Haltungsansprüche informieren, stehen Sie nicht mehr ganz so ratlos vor Ihrem Welpen. Beginnen Sie mit der Informationssuche nicht erst dann, wenn bereits Probleme aufgetreten sind. Gut informiert können Sie Fehler im Umgang mit dem Welpen von vornherein, wenn auch vielleicht nicht komplett, verhindern, aber doch minimieren. Wenn Sie sich zum Beispiel mit dem körpersprachlichen Ausdrucksverhalten von Hunden beschäftigt haben, können Sie Verhaltensweisen Ihres Welpen Ihnen gegenüber oder auch im Umgang mit anderen Hunden besser deuten und Ihr Verhalten entsprechend darauf abstellen. Wenn Sie wissen, welche rassetypischen Eigenschaften in Ihrem Welpen stecken, können Sie möglichen problematischen Fehlentwicklungen gezielter vorbeugen. Ein Labradorbesitzer wird zum Beispiel sein Augenmerk auf andere Dinge lenken müssen, wie das unerwünschte Aufsammeln und Herumtragen von allem Möglichen, als ein Hovawartbesitzer, der sich eher auf die Kontrolle von übersteigertem, territorialem Schutzverhalten konzentrieren muss. Wenn Sie sich damit beschäftigt haben, wie Hunde grundsätzlich lernen (und wie eben nicht!), können Sie von vornherein Ihre Erziehungsbemühungen richtig gestalten.

Die Wohnung welpensicher machen

Welpen sind permanente Unruhestifter. Sie müssen mit ihrer grenzenlosen Neugierde alles untersuchen. Sie ersparen dem Welpen unnötige Verletzungen und sich selbst eine Menge Ärger, wenn Sie Ihre Wohnung welpensicher gestalten. Überlegen Sie sich einfach, was Sie tun würden, wenn Sie ein Baby im Krabbelalter hätten – und stellen Sie sich dann noch vor, dass Welpen liebend gerne alles mit ihren spitzen Zähnchen erkunden – dann werden Ihnen die notwendigen Vorsichtsmaßnahmen einfallen. Krabbeln Sie einfach mal selber durch Ihre Wohnung und bringen Sie so in Erfahrung, was alles in Reichweite Ihres Welpen liegt. Natürlich sollten Sie nicht generell alles wegsperren, da Ihr Welpe ja lernen soll, woran er nicht darf, aber das erfordert konkrete erzieherische Anstrengungen (s. Kapitel 11 zur Grunderziehung).

Ihre Wohnung wird auch dann leiden, wenn Sie immer schön aufpassen und bestimmte Dinge in Sicherheit bringen. Stellen Sie sich lieber vorher innerlich darauf

Schuhe gehören erstmal in den Schuhschrank

Checkliste

Wie mache ich meine Wohnung welpensicher?

- *Kindersicherungen in Steckdosen anbringen*
- *Kabel für den Welpen unerreichbar verlegen*
- *Ausmustern giftiger Zimmerpflanzen*
- *Treppenabgänge mit Kindergitter sichern*
- *Türstopper an Türen anbringen, die erfahrungsgemäß häufig zuschlagen*
- *Hochstellen zerbrechlicher Einrichtungsgegenstände*
- *Aufrollen teurer Teppichläufer*
- *Verzicht auf herabhängende Tischdecken*
- *Mülleimer hinter verschließbaren Schranktüren aufbewahren*
- *Getragene Wäschestücke in einem verschließbaren Behälter deponieren*
- *Schuhe in den Schuhschrank stellen*
- *Essen nicht in Reichweite des Welpen stehen lassen*

ein, dass vielleicht hin und wieder der eine oder andere Gegenstand dran glauben muss. Das kann der wunderbar riechende Schuh sein, den Sie nicht in den Schrank gestellt haben, oder die Gardine, die so verlockend im Wind geflattert hat, dass Ihr Welpe sie unbedingt fangen musste. Bei aller Trauer um zerstörte Dinge: Seien Sie lieber auf sich selbst sauer und nicht auf den Welpen weil Sie nicht vorausschauend gehandelt haben. Im Gegensatz zum Menschen handeln Hunde nicht aus »böser Absicht«. Eine zerstörte Glasvase oder ein angeknabberter Schuh werden zudem vielfach durch die Freude aufgewogen, die uns der kleine Welpe mit seiner Anhänglichkeit, seinen lustigen Kapriolen und seinen erstaunlichen Lernfortschritten bereitet. Man kann im Grunde so einem unschuldig dreinblickenden Wesen gar nicht lange böse sein – doch Ihren Welpen kann schon ein spontaner, hinterher bereuter Wutausbruch von Ihnen im Angesicht eines Schadens schwer in seiner Seele treffen.

Organisatorische Dinge, die erledigt sein sollten

Ist der Welpe erst einmal da, hält er Sie so in Atem, dass Sie gut daran tun, einiges an organisatorischer Vorbereitung zu erledigen, bevor der Welpe kommt und Ihr Leben durcheinanderwirbeln wird. So haben Sie auch viel mehr Zeit, die wunderbaren ersten gemeinsamen Lebenswochen, in denen sich hinsichtlich der Entwicklung des Welpen so viel tut, zu genießen. Man kann eine Reihe von Dingen im Vorfeld abklären, die u. U. eine Menge Laufarbeit machen. Mit dem Vermieter müssen Sie absprechen, ob ein Hund gehalten werden darf. Mit Ihrem Arbeitgeber und Ihren Kollegen muss geklärt werden, ob Sie sich mindestens zwei Wochen Urlaub vom Tag der Ankunft des Welpen an nehmen können. In Kontakten zu verschiedenen Versicherungsgesellschaften können Sie die günstigste Haftpflichtversicherung herausfinden, und beim Ordnungsamt oder der Bürgerberatung der Stadt können Sie in Erfahrung bringen, wie es mit der Zahlung der Hundesteuer in Ihrer Kommune aussieht. Je nach Bundesland, in dem Sie leben, greifen unterschiedliche Landeshundegesetze, die unterschiedliche Ansprüche an Hundehalter stellen. In Nordrhein-Westfalen zum Beispiel genügt es nicht, Ihren Hund bei der Finanzkasse der Kommune zwecks Zahlung der Hundesteuer anzumelden. Wenn Sie einen Hund Ihr Eigen nennen, der ausgewachsen 40 cm oder mehr hoch ist (Schulterhöhe) und/oder 20 Kilo oder mehr wiegt, müssen Sie eine Haltungserlaubnis beantragen, zu der u. a. ein Sachkundenachweis zählt: Sie müssen in einer mündlichen oder schriftlichen Prüfung belegen können, dass Sie über die nötige Sachkunde zum Führen eines »großen« Hundes verfügen.

Einen Tierarzt suchen

Sie sollten schon vor dem Einzug des Welpen geklärt haben, welcher Tierarzt in Ihrer Nähe im Notfall auch außerhalb der herkömmlichen Sprechstunden erreichbar ist und wo sich die Praxis befindet. Wenn Sie Pech haben, tritt ein Notfall ein, bevor Sie zur ersten Impfung bei Ihrem geplanten Arzt waren – und dann müssen Sie sich hektisch informieren, wo Sie schnell Hilfe bekommen. Sinnvoll ist allemal, einen Termin beim Tierarzt auszumachen, bei dem Sie den Welpen dem Arzt nur zum Kennenlernen, Streicheln, Leckerchen abstauben vorstellen, so dass sein erster Kontakt mit dem Tierarzt nicht in der u. U. schmerzhaften Erfahrung besteht, eine Spritze (Impfung!) zu bekommen.

Die Frage ist natürlich immer die, auch einen **guten** Tierarzt zu finden – nicht nur einen, der in der Nähe ist. Fachkompetenz ist vom Laien natürlich schwer zu beurteilen. Andere Hundehalter nach deren Empfehlungen zu fragen, ist eine Möglichkeit, jedoch habe ich die Erfahrung gemacht, dass ein und derselbe Tierarzt von dem einem Hundehalter in den höchsten Tönen gelobt, vom anderen als Versager oder

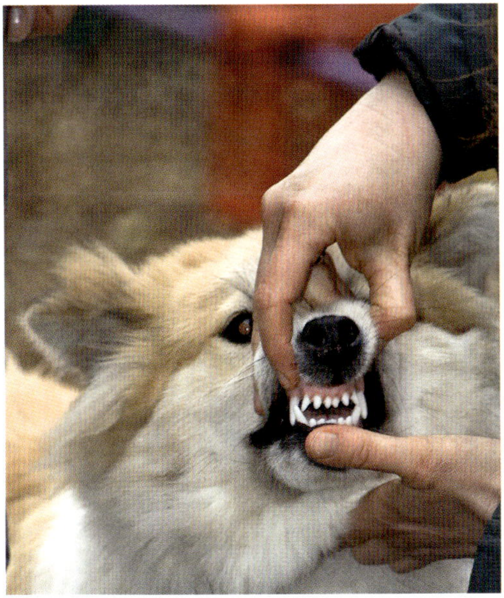

Zahnkontrolle ist wichtig

Halsabschneider bezichtigt wird. Letztlich merkt man beim ersten persönlichen Gespräch, ob die Chemie zwischen sich und dem Tierarzt stimmt. Was man aber vor allem sehen kann, ist, wie liebevoll, vertraut, interessiert und sicher ein Arzt mit dem Welpen umgeht. Ich staune immer wieder, wie viele Tierärzte einen doch recht distanzierten Umgang mit Hunden pflegen: Sie behandeln sie nicht wie ein Wesen, mit dem man kommuniziert, sondern als eine Sache, die repariert werden muss. Im lebensbedrohlichen Notfall mag das angehen, beim alltäglichen Tierarztbesuch jedoch empfinde ich einen solchen Umgang mit meinem Hund als sehr störend und würde einen solchen Arzt nicht wieder aufsuchen. Die medizinische Kompetenz ist die eine Seite, die Fähigkeit, blitzschnell den Charakter eines Hundes zu erkennen und sich darauf einzustellen, ist die andere Seite, die oft fehlt.

Ein Kriterium in der Auswahl kann ferner noch die Praxissausstattung sein: Sind Röntgengerät, Ultraschall, EKG, ein kleines Labor, Operationsmöglichkeiten vorhanden – oder muss zum Beispiel das Blut zwecks Erstellung eines großen Blutbildes in ein externes Labor eingeschickt werden, der Hund zwecks Ultraschalluntersuchung an eine Tierklinik verwiesen werden, etc. Tierkliniken haben da »normalen«, ambulanten Tierärzten zwar etwas voraus, aber die Betreuung ihrer Patienten liegt meist in ständig wechselnden Händen.

Fazit: Letztlich müssen Sie sich selbst u. U. von verschiedenen Tierärzten ein »Life-Bild« machen, diese im Umgang mit Ihrem Welpen beobachten, darauf achten, wie ruhig und ausführlich Ihnen der Arzt Fragen beantwortet, um eine Entscheidung darüber zu treffen, wer Ihr Tierarzt werden soll.

Eine gute Welpenspielstunde suchen!

Wer heute neue Bücher oder Artikel über Hundeerziehung in Hundezeitschriften liest, der findet immer wieder den Hinweis darauf, dass man als frisch gebackener Welpenbesitzer unbedingt zu einer Welpenspielstunde gehen sollte. Auch viele seriöse Züchter legen ihren Welpenkäufern nahe, eine solche zu besuchen. Bis vor wenigen Jahren war das noch überhaupt kein Thema, geschweige denn, dass es ein flächendeckendes Angebot von Welpenspielstunden gegeben hätte.

Doch so sehr dieser neue Trend auch zu begrüßen ist – es ist Vorsicht angebracht. Welpenspielstunde ist nicht gleich Welpenspielstunde. Es gibt erhebliche Qualitätsunterschiede, die zum Teil in der schlichten Unwissenheit der eigentlich wohlmeinenden Übungsleiter begründet sind, z. T. aber auch leider darin, dass nicht wenige Anbieter in Welpenspielstunden die Chance sehen, zum schnellen Euro zu kommen. Eine schlecht durchgeführte Welpenspielstunde zu besuchen bedeutet nicht nur, das mögliche Förderpotential einer guten zu verpassen, sondern kann auch

Spaß in der Welpenspielstunde

bedeuten, dass der Welpe für seine Entwicklung negative Erfahrungen macht.

Am Besten sollten Sie die Auswahl einer Welpenspielstunde in Angriff nehmen, bevor Ihr Welpe bei Ihnen einzieht. Es braucht Zeit, um Adressen herauszubekommen und noch mehr Zeit, um sich die Gruppen anzuschauen und ein Gespräch mit dem Gruppenleiter zu führen. Wenn Ihr Welpe dann kommt und sich einige Tage lang bei Ihnen eingelebt hat, können Sie frohgemut zu Ihrer gewählten Spielstunde gehen, weil Sie sich zuvor nach Anschauen des Betriebs bereits von deren Qualität überzeugt haben. Und da Sie zugleich auch mit dem Gruppenleiter gesprochen haben, wissen Sie, was Sie und den Welpen dort erwartet.

Warum Welpenspielstunden so wichtig für Ihren Welpen sind

Die meisten Züchter geben ihre Welpen im Alter zwischen acht und zehn Wochen ab. Von einer späteren Abgabe ist abzuraten, weil der Welpe in diesem Alter unbedingt an all die Herausforderungen eines Hundelebens in unserer Gesellschaft gewöhnt werden und sich in seine neue Menschenfamilie einfinden muss. Aber: Damit fällt die Welpenabgabe in eine Zeit, in der sich der Welpe in seinem Hunderudel verschärften erzieherischen Anstrengungen ausgesetzt sehen würde: Hatte Ihr Welpe bislang weitgehend Narrenfreiheit bei seiner Mama gehabt, so setzt meist in der siebten Woche ein anderes Verhalten der Mutter ein:

Die Welpen werden bewusst reglementiert, Narrenfreiheit ist weitestgehend passé. In der Auseinandersetzung mit seinen Wurfgeschwistern würde der Welpe ebenfalls die Grundlagen des Sozialverhaltens einüben und festigen. Beides, die Erziehung durch die Althunde im Rudel und das Training mit Gleichaltrigen, fallen durch die Abgabe aus dem Züchterhaushalt weg. Und hier setzen Welpenspielstunden an. Eine Welpenspielstunde bietet die Möglichkeit, Ihrem Welpen das zu geben, was Sie ihm leider nehmen mussten – den Kontakt zu (nahezu) gleichaltrigen anderen Welpen.

Ein im Haushalt lebender erwachsener Hund oder Kontakte zu anderen erwachsenen Hunden auf dem Spaziergang sind zwar gut, können dieses Lernen unter Gleichaltrigen aber nicht ersetzen. Althunde spielen anders als junge. Oft sieht man zwei Extreme: Erwachsene Hunde, die die wieselnden Welpen einfach nur lästig finden und erwachsene Hunde, die sich von dem Kleinen wirklich alles gefallen lassen. Wer als Welpe bei solch einem duldsamen Althund aufwächst, lernt häufig, viel zu frech und ungestüm zu sein und bekommt dann von der restlichen Hundewelt oft eine schmerzhafte Quittung. Welpen untereinander kennen keine Rücksicht: Wer beim Spiel zu fest zubeißt, wird sofort reglementiert, oder man bricht das Spiel eben ab – eine schlimme Strafe für die Spiel versessenen Welpen.

Eine gute Welpenspielstunde beinhaltet jedoch mehr als nur die Gelegenheit zu kontrolliertem Spiel zwischen den Hunden. Sie sollte da anknüpfen, wo die Arbeit des Züchters aufgehört hat: Den Welpen mit verschiedensten Herausforderungen zu konfrontieren, um seine geistige und motorische Entwicklung zu fördern, sein Selbstbewusstsein zu stärken, seine Umweltsicherheit zu festigen, ihm weiter die Erfahrung zu vermitteln, dass fremde Menschen nichts sind, wovor man Angst zu haben braucht.

Und natürlich sollte sie Ihnen dabei helfen, eine funktionierende vertrauensvolle Beziehung zum Welpen aufzubauen und Ihnen zeigen, wie Sie Ihren Welpen sanft, aber bestimmt führen.

Wie findet man nun eine gute Welpenspielstunde? In meinem Buch: Welpenspielstunden – Welpen richtig prägen im ersten halben Jahr – finden Sie dazu sehr ausführliche Angaben, von denen Sie sich in der Auswahl leiten lassen können.

Was brauche ich für meinen Welpen? Einkäufe erledigen

Die Erstausstattung für Ihren Welpen können Sie in Ruhe kaufen gehen, bevor der Welpe da ist. Sparen Sie dabei nicht an der falschen Stelle.

Sein Schlafplätzchen

Auf die Anschaffung eines teuren Weiden- oder Schaumstoffkörbchens für den Welpen sollten Sie zunächst verzichten, weil er diese sowieso nur auseinander nimmt. Alternativen sind Kunststoffschalen, die man mit Decken auslegt oder der gute alte Pappkarton, der dann auch mitwachsen kann. Eine wunderbare Erfindung sind sogenannte Drybeds oder Vetbeds, schaffellartige Decken, auf denen Ihr Welpe immer warm und trocken liegt, da sie die Wärme zurückstrahlen, Nässe jedoch hindurch lassen. Verbannen Sie den Hundeschlafplatz nicht in eine ferne Ecke – Welpen schlafen auch bei dickstem Trubel. Hunde lieben Plätzchen, von denen aus sie alles beobachten können, wo sie das Gefühl haben, mittendrin zu sein – aber trotzdem ihre eigene »Höhle« zu haben, in die sie sich zurückziehen können. Plätze direkt neben einer Heizung werden ungern angenommen, da es den Welpen zu warm ist. Auf jeden Fall sollte der Schlafplatz vor Zugluft geschützt sein.

Hundebox, ja der nein? Im Zoofachhandel gibt es auch verschiedenste Arten von Hundeboxen

Checkliste

Was braucht mein Welpe als Erstausstattung?

- *Geeignetes Schlafkörbchen*
- *Halsband und Leine*
- *Namensschild*
- *Futtervorrat*
- *zwei rutschfeste Näpfe*
- *Spielzeug*
- *Vetbed (Decke, s. S.33)*
- *Hundehandtücher*
- *Zeckenzange*
- *Verbandsmaterial*
- *Desinfektionsmittel*
- *Wundsalbe*

Eine Box als Höhle begeistert längst nicht alle Welpen!

unterschiedlichster Größen und unterschiedlichsten Materials. Ihnen allen zu Eigen ist im Unterschied zum Körbchen, dass sie verschließbar sind. Das gilt sowohl für die bekannten Kunststoffboxen, die oft auch »Flybox« genannt werden, weil sie beim Transport im Flugverkehr zum Einsatz kommen, als auch für die Gitterboxen, die an Zwinger erinnern oder die Stoffboxen, die über Reißverschluss-Systeme verschiedene Öffnungen ermöglichen. Sie alle können vom Welpen als »Höhle« adoptiert werden. Ein Problem haben hier aber Besitzer größerer Rassen: Wenn auch der ausgewachsene Hund hineinpassen soll, muss die Box solche Ausmaße annehmen, dass sie in der Wohnung viel Platz beansprucht – und für den Welpen eventuell zu groß und geräumig ist, so das der Kuschelfaktor fehlt. Die Lösung wäre, mit einer kleinen Box anzufangen und sich dann zu steigern – was natürlich ein Kostenfaktor ist.

Wer beabsichtigt, seinen Hund im Auto in einer Transportbox mitreisen zu lassen (zum Thema Autofahren s. Seite 118), dem ist zu empfehlen, den Hund zu Hause an genau eine solche Box bereits gewöhnt zu haben, bevor es ans Autofahren in der Box geht. Meiner Meinung nach erledigt sich die Frage Box im Auto schon sehr schnell mit der Körpergröße des Hundes: Suchen Sie mal nach einer Box, die in Ihr Auto passt und in der sich Ihr Hund stehend, sitzend, und auf der Seite ausgestreckt liegend aufhalten kann, wenn Sie auch nur einen Hund von mittlerer Körpergröße wie zum Beispiel einen Golden Retriever haben!

Boxen können analog zum menschlichen Babylaufstall auch als temporäre Wegsperrhilfe genutzt werden, aber da ist mit großer Vorsicht heranzugehen. Ich sehe in Boxen eine große Missbrauchgefahr nach dem Motto: »Ich kann mich jetzt nicht um den Welpen kümmern«, ich sperr ihn so weg, dass er nichts anrichten kann. Damit können Sie beim Welpen u. U. ein regelrechtes Trauma auslösen. Andererseits finden manche Welpen tatsächlich erst zu der von ihnen benötigten Ruhe, wenn sie in einer Box sozusagen zwangsruhig gestellt werden; für solche Welpen kann eine Box ein Segen sein.

Halsband oder Brustgeschirr?

Über diese Frage wird in Hundekreisen z. T. heftig gestritten. Manche Trainingsphilosophie sieht im Halsband ein grundsätzlich abzulehnendes Würgeinstrument des Halters. Andere belächeln Brustgeschirre als idiotische Ausgeburten einer »viel zu weichen Ausbildungsphilosophie«. Beide Extrempositionen sind Humbug. Nur zwei Dinge kann man dazu mit Sicherheit sagen:

Erstens: Wer später vorhat, mit dem Hund in irgendeiner Weise eine Sportart auszuüben, bei der ein Ziehen im Geschirr nicht nur erlaubt, sondern erwünscht ist (zum Beispiel Saccocartfahren, den Hund Lasten ziehen lassen, Mantrailing im Bereich der Rettungshundearbeit), der sollte die Leinenführigkeit des Welpen am Halsband schulen und nicht am Geschirr, da es für den Hund schwer verständlich ist, einmal ziehen zu dürfen und ein andermal nicht. Für diese Hunde sollte ein Halsband signalisieren: Jetzt gehen wir normal miteinander spazieren und du darfst nicht ziehen. Das Anlegen des Geschirrs signalisiert: Jetzt darfst/sollst du ziehen.

Zweitens: Ein Hund im Brustgeschirr ist in Abhängigkeit von seiner Körpergröße körperlich schwerer von seinem Menschen zu bändigen als im Halsband, weil die Kraftumsetzung eine andere ist. Bei Kleinsthunderassen ist das natürlich irrelevant – jeder Halter wird auch einen sich im Brustgeschirr befindlichen durchdrehenden erwachsenen Jack Russel Terrier körperlich bändigen können.

Und natürlich sind auch die meisten Welpen im Welpenalter leicht im Brustgeschirr zu handeln. Wenn der Labrador dann aber erstmal ein halbes Jahr alt ist, sieht die Sache anders aus. Hat der Halter es bis dahin versäumt, ihm die Leinenführigkeit zu vermitteln, dann hat er ein größeres Problem, wenn er seinen kraftstrotzenden Labi am Brustgeschirr leinenführig bekommen will.

Prinzipiell kann man Halsband und Brustgeschirr als für Welpen geeignet ansehen. Bei manchen Rassen/Individuen wird man sich für ein Brustgeschirr – zumindest für eine begrenzte Zeit – entscheiden müssen, weil sie aus jedem Halsband schlüpfen (wenn man kein Würgehalsband verwendet, und das genau sollen Sie nicht). Andere Welpen zeigen eine deutliche Abneigung gegen das Eingeschnürtwerden im Brustgeschirr und lassen sich problemlos ein Halsband anlegen. Was ferner im Welpenalter eventuell noch kein Problem ist, sich aber bei zunehmendem Fellwuchs herausstellen könnte, ist das Problem der Verfilzungen bei langfelligen Hunden, die ein Brustgeschirr tragen. Bei Brustgeschirren ist es ferner schwieriger als bei Halsbändern, die richtige Passform zu bekommen, die verhindert, dass das Geschirr irgendwo scheuert – was wiederum bei kurzfelligen Hunden oft ein Problem ist. Hier sind mit Flies unterlegte Geschirre zu empfehlen.

Ich persönlich habe gute Erfahrungen mit einfachen Halsbändern gemacht, deren Verschluss über das gute alte Lochsystem funktioniert. Abraten kann ich nur jedem von den heute meist gebräuchlichen Kunststoff-Klippverschlüssen: Sie halten häufig der Belastung durch einen plötzlich losstürmenden Hund nicht stand und brechen entweder oder öffnen sich – beides Mal mit demselben Effekt, dass der Hund abhauen kann. Das Problem ist natürlich umso mehr gegeben, je schwerer der Hund ist. Doch ich erlebe es immer wieder in meinen Welpenspielstunden, dass ein Welpe, den ich für eine Abrufübung festhalte, plötzlich losrast, und ich nur noch sein Halsband mit dem geöffneten oder geborstenen Klippverschluss in der Hand halte!

Egal ob Stoff- oder Lederhalsband: Die Breite des Halsbandes sollte zwei Wirbelkörper abdecken, also lieber etwas breiter als zu schmal!

Würgehalsbänder, auch solche mit einem sogenanntten Stopp (wo sich das Halsband nicht endlos zuziehen kann) sollten meiner Meinung nach in der Hundeerziehung gar nichts zu suchen haben – weder beim Welpen noch beim erwachsenen Hund. Wem die tierschutzrechtliche Begründung dafür egal ist und meint, dass Würgen eine probate Erziehungsmethode sei, der mag vielleicht von der lerntheoretischen Begründung einer Ablehnung überzeugt werden: Bei einem Würger erfolgt der Impuls über die Leine zeitverzögert – mit der Gefahr, dass der Hund, das, was man ihm über das Würgen signalisieren will, nicht mit seiner Handlung in Verbindung bringt – man also erfolglos mit seinem Erziehungsversuch ist.

Was schließlich das Material betrifft, so rate ich eher zu guten Lederhalsbändern als zu den modischen Stoff-/Nylonbändern: Leder hält letztlich länger und wird, entsprechend gepflegt, mit dem Älterwerden nur schöner. Aber letztlich ist die Materialfrage beim Halsband eher Geschmackssache, im Unterschied zur Leine:

Geeignete Leinen

Auch was Leinen betrifft, so steht der Hundehalter vor einem schier unüberschaubaren Angebot.
Letztlich geht es bei der Leinenfrage um drei zentrale Punkte:

- Wie lang sollte sie sein?
- Wie breit?
- Aus welchem Material?

Ich kann nur jedem Welpenkäufer dringend dazu raten, sofort in zwei Leinen zu investieren:
Zum einen in eine Führleine, die zum Führen des Hundes in städtischem Umfeld, an der Straße, beim Einkauf, etc. dienen soll. Hier haben sich eindeutig ganz einfache Leinen von 1,10–1,20 m Länge mit einer einfachen Handschlaufe bewährt. Mit diesen Leinen soll die Leinenführigkeit, also das lockere Gehen an der Leine, geübt werden. Wie das geht, können Sie im Kapitel 11 zur Grunderziehung nachlesen. Heutzutage werden gerne Dreimeterleinen angepriesen, weil der Welpe da mehr Spielraum zum Erkunden hat und daher weniger zieht. Das ist zwar richtig, aber mit einer Dreimeterleine können Sie nicht auf einem Bürgersteig an der Straße entlangspazieren – da landet Ihr Welpe ruckzuck auf eben dieser. Abzulehnen, auch wenn auf den ersten Blick praktisch, sind Leinen von 2,50–3 m Länge, die variabel auf verschiedene Längen verstellbar sind. Diese können Sie zwar im Prinzip auch auf die 1,20 m Länge einstellen, doch das Resultat ist eine Schlaufenbildung, in die der Welpe immer wieder hineintappen wird. Das ist für das Lehren der Leinenführigkeit unpraktisch.

Nun kann natürlich ein Welpe nicht an einer knapp über einen Meter langen Leine einen gesamten Spaziergang lang geführt werden – er braucht Bewegungsfreiraum. Im Kapitel 9 zum Spazierengehen mit dem Welpen werden Sie Tipps erhalten, wie man einen Spaziergang mit dem Welpen gestalten sollte. Hier nun schon so viel vorneweg: Sie sollten für Ihren Welpen auch eine lange Leine von fünf Metern kaufen, an der Sie den Kleinen in Feld, Wald und Flur laufen lassen können, und an der andere Regeln als an der kurzen Führleine gelten. Gezogen werden darf an beiden Leinen nicht, aber bei der langen Leine darf der Welpe vor und hinter Ihnen kreuzen, mal auf fünf Meter weg sein, mal einen Meter neben Ihnen laufen. Alles Wissenswerte zum Thema Freilauf des Welpen finden Sie übrigens auch im Kapitel 9 zum Spaziergang mit dem Welpen.

Bei den Leinen stellt sich natürlich die Frage nach dem Material. Hier gilt als Faustregel: Stoffleinen führen eher zu Verbrennungen der Haut als Lederleinen. Bei einem Drei-Kilo-Leichtgewicht-Hund ist es egal, ob der mal heftig an der Stoff- oder der Lederleine zieht – es ist unwahrscheinlich, dass es zu Verbrennungen an Ihren Händen kommt. Beim 15 Kilo schweren Hund sieht das schon ganz anders aus! Ich empfehle daher, Lederleinen zu kaufen. Die Breite richtet sich nach der Größe/Kraft des Hundes und kann zwischen 0,5 cm und 1,5 cm variieren.

Achten Sie darauf, dass die Leinen nicht mit einem zu großen und schweren Karabiner versehen sind. Erstens muss der Hund so unnötig Gewicht tragen, zweitens bekommt man die Karabiner ansonsten nicht in die meist sehr kleinen vorgesehenen Ösen am Halsband!

Schauen Sie auch gut auf die Verarbeitung der Leinen: Lederleinen sollten nie nur genietet, sondern eingeflochten sein. Das betrifft sowohl den Karabiner als auch die Handschlaufe. Vernietete Leinen reißen leicht an diesen Stellen.

Schleppleinen gibt es auch aus unterschiedlichsten Materialien, in unterschiedlichen Breiten. Es gibt runde Leinen, flache Gurtleinen, breite geflochtene Leinen. Leinen aus Baumwolle saugen sich zu heftig mit Wasser voll und fasern meist sehr schnell auf, so dass alles Mögliche in ihnen hängen bleibt. Kunststoffleinen sind da besser, aber die Verbrennungsgefahr wächst proportional mit der Kraft des Hundes. Gurtleinen schneiden eher ein als runde Leinen. Geflochtene Leinen sind am angenehmsten in der Hand, für junge Welpen kleiner Rassen aber zu schwer. Für den jungen Welpen empfehle ich eine rund genähte, leichte Leine aus einem Kunststoffgemisch oder eine dünne, lange Lederleine. Wenn der Hund dann größer und schwerer wird, empfehle ich die geflochtenen Leinen. Und für jene, die sehr große und/oder kraftstrotzende Rassen ihr Eigen nennen, empfehle ich, sich eine Leine mit Ruckdämpfer anzuschaffen, wie sie mein Kollege Joachim Füger entwickelt hat: Das sind Flechtleinen, die einen Dämpfer integriert haben, so dass Mensch und Hund nicht so einen Ruck bekommen, wenn der Hund mal mit Volldampf hineinrennt – was in der Anfangsphase des Trainings immer passieren kann.

Es gibt noch eine andere Variante der »langen Leine«: Die sogenannten Flexi- oder Rollleinen, bei denen sich die Leine in einem Kasten in der Hand des Halters befindet und der Hund sie durch Zug aus dem Kasten sozusagen abrollt. Diese Leinen sind praktisch bei Hunden, die die Leinenführigkeit erlernt haben, also nicht ziehen, egal wie lang die Leine ist, an der sie geführt werden, wenn man zum Beispiel in einem Naturschutzgebiet mit seinem Hund laufen möchte, in dem Leinenzwang besteht. So genügt man den Anforderungen, der Hund hat aber fünf- oder acht Meter Bewegungsspielraum. Im Unterschied zur Schleppleine zieht sich die Flexileine nicht durch den Dreck, man behält saubere Hände und Kleidung, was auch mal ganz angenehm sein kann. Zum Training der Leinenführigkeit aber eignet sich die Leine nicht, denn der Hund lernt an der Flexi: Wenn ich mich reinhänge, also aktiv nach vorne ziehe, rollt sich die Leine immer weiter ab, ich komme voran. So erzieht man seinen Hund perfekt zum Ziehen. Der andere Aspekt ist, dass man diese Leine auf allen möglichen Längen mit dem Stopper zum Halten bringen kann. Für einen Hund, der die Leinenführigkeit noch nicht gelernt hat, ist es schwer begreifbar, an ein und der selben Leine mal in ein, mal in drei und dann in wieder in acht Metern Entfernung zu laufen.

Namensschild

Trotz der mittlerweile weitverbreiteten Kennzeichnung der Hunde mit Chipimplantaten sollte Ihr Hund darüber hinaus ein gut lesbares Namensschild mit Adresse tragen. Ein Passant, der einen ausgebüchsten Hund findet, hat kein Lesegerät zwecks Identifikation der Chipnummer dabei. Wer einen Hund findet und sofort eine Telefonnummer anrufen kann, erspart dem Hund u. U. einen Umweg über das Tierheim oder die nächste Tierarztpraxis, um den Halter zu identifizieren.

Am beliebtesten sind Metallplaketten, auf die der Name des Hundes und die Telefonnummer des Halters eingestanzt werden. Vorteil der Plaketten ist, dass sie recht langlebig sind und eine Fremdperson sie schnell beim Hund auffinden und lesen kann.

Nachteilig ist, dass diese Plaketten am Halsband befestigt meist gegen die ebenfalls am Halsband befestigte Hundesteuermarke schlagen und so der Hund unter ständigem Geklimper durch die Welt marschiert. Manche Hundehalter finden das gerade gut, um so auch akustisch zu wissen, wo sich der Hund gerade befindet. Ich jedoch stelle mir das extrem empfindliche Gehör eines Hundes vor und frage mich, wie toll das sein soll, ständig so ein Geschepper um sich herum zu haben.

Eine gute Alternative sind für die etwas größeren Hunde Halsband-Täschchen, die über das Halsband gezogen werden und in denen man dann Steuermarke und Namensplakette verstauen kann. Aber diese Täschchen setzen eine bestimmte Breite des Halsbandes voraus und sind bei Kleinsthunden nicht praktikabel. Für diese sind Stoffhalsbänder zu empfehlen, auf denen ihr Name und die Telefonnummer aufgestickt werden.

Näpfe

Lassen Sie sich hier weniger von der Optik täuschen, sondern achten Sie auf zwei Hauptkriterien: Lässt sich der Napf gut säubern? Ist er so schwer, dass der Hund ihn nicht durch die ganze Küche vor sich herschieben kann? Das bedeutet, Sie können entweder glasierte Tontöpfe kaufen oder jene Aluminiumtöpfe, die innerlich beschwert sind und dann auch noch einen Gummirand am Boden haben, der das Rutschen zusätzlich erschwert. Kaufen Sie die Näpfe für Futter und Wasser nicht zu groß. Auch beim Hund isst das Auge mit. Futter in einem riesigen Topf wirkt als Menge weniger, als wenn Sie die gleiche Menge in einen kleineren Topf füllen.

Edelstahlnäpfe lassen sich gut reinigen

Für Hunde mit extrem langen, schweren Ohren gibt es spezielle, höhere, sich nach oben verjüngende Töpfe, so dass die Ohren nicht immer im Napf hängen. Da dieses aber eigentlich nur bei Dosenfutter oder Trockenfutter, was eingeweicht werden muss, zum Problem der ständig verklebten Ohren führen kann, Sie aber genau auf diese Form der Fütterung besser verzichten sollten, sind meiner Ansicht nach solche Töpfe nicht wirklich nötig.

Spielzeug kaufen und selber machen

Im Zoofachhandel gibt es unfassbar viel Hundespielzeug: Bälle der unterschiedlichsten Art, Bälle an Kordeln, Quietschtiere, Beißwürste, Taue, Kongs, Gummihanteln, Schaffellpüppchen, etc. Bei genauerem Hinsehen jedoch fragt man sich oft, wer derart untaugliches Spielzeug entwerfen kann. Denn: Viele Spielzeuge verleiten geradezu dazu, alles Mögliche ruckzuck von ihnen abzukauen. Achten Sie darauf, dass das Spielzeug stabil ist und nicht zu viele »Anhängsel« hat, die schnell von den nimmer müden Zähnen des Welpen abgekaut und leider oft verspeist werden. Achten Sie bei Gummi-/Latexspielzeug darauf, dass keine Weichmacher drin sind. Gehen Sie nach ähnlichen Gesichtspunkten vor, als würden Sie Spielzeug für ein Kind kaufen, das in der Phase steckt, alles in den Mund nehmen zu müssen.
Das Material sollte also nicht giftig sein, Teile sollten nicht leicht abbeißbar sein, das Spielzeug sollte groß

genug sein, dass es nicht verschluckt werden kann – ein häufiges Problem bei zu kleinen Bällen! Erfahrungsgemäß sind folgende käuflich erwerbbare Spielzeuge für Welpen in Ordnung: Beißwürste aus Jute, Zergelknoten aus Baumwollfäden, Kongs mit einer Kordel dran, feste Gummibälle mit Kordel dran. Bei allen Quietschspielzeugen ist das Problem weniger das, dass sie schnell ihren Geist aufgeben, sondern dass die quietschenden Innenteile gerne von den Welpen herausoperiert und dann verschluckt werden.

Sie können Ihrem Welpen Spielzeug basteln: Abgeschnittene Jeanshosen, Ball in einem oben zugeknoteten Socken, zusammengeknotete Socken, per Bindfaden verbundene alte Toiletten- oder Küchenpapierrollen. Das beste Spielzeug ist solches, an dem Sie und Ihr Welpe gleichzeitig zupacken können. Um dem Zerfetzdrang Ihres Welpen entgegenzukommen, können Sie ihm alte Pappkartons geben, an denen er sich abarbeiten kann, oder Sie zerknüllen die alte Tageszeitung zu Bällen, mit denen er spielen und die er auch platt machen kann.

Viele Welpen lieben Plüschtiere. Achten Sie beim Kauf darauf, dass diese keine Glasaugen, aufgeklebte Kunststoffnäschen, eingenähte Kunststoffbarthaare etc. haben – das sind alles Dinge, die Welpen gerne abbeißen und verspeisen. So manches Babyspielzeug kann man Welpen geben, da dieses oft den gerade genannten Kriterien entspricht. Problematisch wird es jedoch, wenn man einen Welpen hat, der seine Zukunft in der Chirurgie sieht: Wenn die Plüschtiere aufgetrennt werden und ihr Innerstes nach außen gekehrt wird, muss man schauen, ob das Füllmaterial vom Welpen nur herausgezogen oder gar gefressen wird. Im letzteren Fall nützt ständiges Nähen der Spielzeugtiere nichts, die Gefahr ist zu groß, dass der Welpe das Füllmaterial schluckt.

Letztlich kann dem Welpen so ziemlich alles zum Verhängnis werden. Selbst die beliebten Stoffknoten, die toll zum Kauen sind und deren einzelne Baumwollfäden auch noch einen Reinigungseffekt im Sinne von Zahnseide erfüllen, können gefährlich werden, wenn mehrere Fäden verschluckt werden und sich im Darm zu einem kleinen Knäuel verknoten, was zum Darmverschluss führen könnte.

Daher heißt es beim Welpen genau zu beobachten: Hat man nur den Zerleger, der nichts runterschluckt, oder hat man den Typ erwischt, der alles auch noch schluckt? Im letzteren Fall kann der Welpe unbeaufsichtigt im Grunde nur einen großen Kauknochen oder Pappe zum Bearbeiten bekommen.

Die Auswahl an Spielzeug ist riesig

Futter

Ein guter Züchter gibt seinen Welpenkäufern einen kleinen Sack des Futters mit, das der Welpe bisher bekommen hat. Sie sollten, wenn Sie von der Qualität dieses Futters nicht überzeugt sind, auf keinen Fall sofort ein anderes Futter füttern. Erst einmal sollte sich der Welpe mit der neuen Umgebung über einige Tage vertraut gemacht haben und dort keinen Stress mehr empfinden.

Beachten Sie bitte, dass Nahrungsumstellung – auch bei erwachsenen Hunden – immer eine Herausforderung für den Körper darstellt und dass daher der Welpe zumindest eine gute Woche bei Ihnen noch sein vertrautes Futter bekommt. Fragen Sie daher den Züchter frühzeitig, was Ihr Welpe bekommen hat, damit Sie sich dieses Futter vor dem Einzug des Welpen besorgen können, falls der Züchter kein Futter mitgibt!

Absprachen in der Familie

Am gleichen Strang ziehen

Neben all den organisatorischen Vorbereitungen vor dem Abholen des Welpen ist es aber auch nötig, sich innerhalb der Familie/Partnerschaft über den Umgang mit dem neuen Familienmitglied abzusprechen (Leben Sie allein, können Sie die nächsten Zeilen überspringen).
Hunde brauchen einen festen, ihnen gesetzten Rahmen von Ge- und Verboten. Daher ist es wichtig, dass die ganze Familie sich darauf einigt, was der Hund darf und was nicht. Es geht zum Beispiel nicht, dass ein Familienmitglied den Hund am Tisch füttert, weil es den schmachtenden Blicken nicht widerstehen kann, während alle anderen der Meinung sind, der Hund solle nichts vom Tisch bekommen, um nicht zum Betteln erzogen zu werden. Absprachen betreffen auch solche Dinge wie: im Bett schlafen, auf dem Sofa liegen, Umgang mit Anspringen des Welpen. Ein Welpe, der von all seinen Bezugspersonen das Gleiche gesagt bekommt, findet sich viel schneller in seiner neuen Familie zurecht.

Denken Sie sich für die verschiedensten Dinge, die der Welpe lernen soll, Wörter aus, die dann alle Familienmitglieder in der gleichen Art benutzen (Kommen, Sie anschauen, sich hinsetzen, sich hinlegen, etwas aus dem Fang freigeben, etwas erst gar nicht in den Fang nehmen, ein Verbotswort im Sinne von: »Stopp, was immer du gerade tust/tun willst«, locker an der Leine gehen, abwarten, etc.) – so lernt der Welpe schneller die Bedeutung dieser Wörter.

Wer macht was?

Auch hinsichtlich der Pflege des Welpen ist es gut, wenn man sich vorher abspricht, wer welche Pflichten übernimmt, und dass die Übernahme einer Pflicht auch tatsächlich heißt, diese Pflicht zu erfüllen. Anfangs muss die Rund-um-die-Uhr-Betreuung sichergestellt werden. Das heißt nicht nur, dass mindestens ein Familienmitglied Urlaub haben muss, sondern dass auch geklärt ist, wer sich um den Welpen kümmert, wenn zum Beispiel der Lebensmitteleinkauf anfällt.
Gerade wenn Kinder mit in der Familie leben, sollte auch diesen schon im Vorfeld klargemacht werden, dass das Leben mit einem Hund heißt, Verantwortung zu tragen und manchmal auch verzichten zu müssen.

Alle Familienmitglieder können in die Absprachen ihre besonderen Vorlieben (es gibt zum Beispiel begeisterte »Hundekämmer«) und zeitlichen Beschränkungen einbringen, so dass man zusammen zu Kompromissen findet.

Aber: Weder das Denken an die Fütterung, noch Spaziergänge mit dem Welpen sollten Kindern unter zwölf Jahren übertragen werden.

4

Der Welpe zieht ein – der erste Tag

Endlich ist er da, der lang ersehnte Tag, an dem Sie Ihren Welpen zu sich nach Hause holen können. Die Vorbereitungen für die Ankunft des Welpen sind abgeschlossen und nun wird es ernst. Um gleich von Anfang an einen guten Start ins gemeinsame Leben zu erwischen, sollten Sie eine Reihe von Dingen beachten, die dem Kleinen die Eingewöhnung in seine neue Familie erleichtern.

Jetzt ist es soweit

Verabreden Sie mit Ihrem Züchter die genaue Zeit, zu der Sie Ihren Welpen holen können und sprechen Sie mit ihm ab, dass er dann mindestens eine Stunde Zeit nur für Sie hat und entsprechend die anderen Welpenerwerber zu anderen Zeiten bestellt. Meist gibt es so kurz vor Toresschluss dann doch noch die eine oder andere Frage zu klären, und das geht besser, wenn man allein in Ruhe mit dem Züchter sprechen kann. Auch wenn Sie Ihren Welpen von einer Tierschutzorganisation holen, sollte sichergestellt sein, dass ein Ansprechpartner für Sie da ist, der den Welpen gut kennt und Ihnen noch etwas zu Ihrem speziellen Welpen erzählen kann.

Checkliste

Was muss/sollte Ihnen der Welpenverkäufer aushändigen?

- *Kaufvertrag*
- *Impfpass und Info, wann die nächste Impfung fällig ist*
- *Information über bisherige Entwurmungen und den Termin der nächst fälligen*
- *Fütterungsanleitung, eventuell auch Futter für die nächsten Tage*

Bei Rassehunden kommt noch hinzu:

- *Ahnentafel*
- *Wurfabnahmebericht*

Holen Sie Ihren Welpen möglichst morgens ab. So hat er noch einen ganzen, hellen Tag zur Eingewöhnung im neuen Heim.

Formalien, wie das beiderseitige Unterschreiben eines Kaufvertrags, aber auch die Aushändigung des Impfpasses sind zu erledigen. Schauen Sie sich sofort

Bei einem guten Züchter sind die Welpen schon ans Autofahren gewöhnt worden

den Impfpass an. In diesem muss bei Welpen, die noch keine 12 Wochen alt sind, eine Impfung gegen Staupe, Hepatitis, Leptospirose, Parvovirose eingetragen sein – in der Regel erkennbar durch die Buchstaben: SHLP. Lassen Sie sich auch die bisherigen Entwurmungen mitteilen.

Eine Ahnentafel gibt es nur bei Rassehunden. Wichtig für Sie ist dabei nicht, wie viele »Champions« Ihr Welpe unter seinen Ahnen hat, sondern es geht um die Überprüfung, ob Ihr Welpe kein Produkt von Inzucht ist – denn auch als Laie können Sie schnell feststellen, ob ein oder gar mehrere Ahnennamen mehrfach auftauchen – da heißt es dann eher: Finger weg! In der Ahnentafel ist auch vermerkt, welche Ergebnisse die für die jeweilige Rasse vorgeschriebenen Untersuchungen bei den jeweiligen Ahnen ergeben haben, also zum Beispiel im Hinblick auf die gefürchtete Hüftgelenksdysplasie (HD). Natürlich sollten Sie den Stammbaum Ihres

Die Trennung von der Mama muss verkraftet werden

Welpen schon vor dem Abholen geprüft haben – um zum Beispiel von dem Kauf Abstand zu nehmen, wenn Sie entweder feststellen, dass Ihr Welpe hochgradig ingezüchtet ist, und/oder sich bei seinen Vorfahren eher mittelprächtige Ergebnisse im Hinblick auf die bei der Rasse bekannten Erbkrankheiten finden lassen. Lassen Sie sich auf keinen Fall mit der Aussage vertrösten, die Ahnentafel werde Ihnen nachgeschickt. Damit sind schon viele Welpenkäufer übers Ohr gehauen worden, die monatelang vertröstet werden und dann plötzlich feststellen müssen, dass ihr Welpe gar keine Papiere, bzw. unbrauchbare, selbstgestrickte Papiere hat, bei denen man sich auf die Richtigkeit der Angaben nicht verlassen kann.

Viele Züchter geben Ihren Welpenkäufern auch noch Spielzeug für den Hund aus der Welpenkiste, Fotos oder Videoaufnahmen, eine Broschüre zur Welpenaufzucht und eine Fütterungsanleitung mit. Es kann auch sinnvoll sein, bei einem Besuch vor der Abgabe ein eigenes T-Shirt bei den Welpen zu lassen, das man dann wieder mitnimmt, wenn man den Welpen abholt– nach dem Motto »Vertrauter Geruch«.

Die Fahrt ins neue Heim

Am besten plant man seine erste Fahrt mit dem neuen Kameraden gut voraus. Halsband und Leine haben Sie ebenso dabei, wie Napf und Wasserkanister sowie Handtücher und Küchenrolle (falls dem Kleinen im Auto ein Malheur passiert). Bitten Sie einen Freund, Sie zu fahren, damit Sie sich auf der Rückfahrt mit dem Welpen zusammen auf die Rückbank setzen können. Die Person, die zur Hauptbezugsperson für den Hund werden soll, sollte den Welpen während der Fahrt auf den Schoß nehmen.

Es kann sein, dass der Welpe spuckt, weil ihm schlecht wird, und natürlich ist auch eine kleine Pipibescherung möglich. Bei der ersten Fahrt ins neue Heim sollten Sie den Welpen noch nicht auf seinen zukünftigen Platz

– sprich Rückbank oder Ladefläche im Kombi setzen – sondern ihn bei sich auf dem Schoß halten, eventuell in eine kuschelige Decke gepackt, um gleich engen Körperkontakt herzustellen und den eventuell unruhigen Welpen zu beruhigen. Es kann sein, dass er deutlich durch Unruhe anzeigt, Pipi zu müssen. Wenn möglich, halten Sie dann an. Haben Sie eine längere Rückfahrt vor sich, so sollten Sie ca. alle zwei Stunden eine Pause einlegen, in der Sie Ihrem Welpen Wasser geben und ihn angeleint Gassi führen – es sei denn, Ihr Kleiner ist vor lauter Aufregung in einen festen Schlaf gefallen.

Zu Hause angekommen

Der erste Tag mit Ihnen ist nicht nur für Sie ein aufregendes Ereignis, sondern natürlich auch für Ihren Welpen. Er ist getrennt worden von seiner Mutter, seinen Geschwistern, seinen bisherigen menschlichen Bezugspersonen und steht plötzlich auf sich allein gestellt. Die Umgebung ist ihm völlig neu, er sieht, hört und riecht vor allem ganz andere Dinge und andere als die gewohnten Menschen sprechen mit ihm und fassen ihn an. Der kleine Kerl muss also eine ganze Menge verarbeiten, und dabei können Sie ihm entscheidend helfen, indem Sie ihm viel, viel Liebe und Aufmerksamkeit schenken.

Im Alter bis zu ca. vier Monaten entwickeln Welpen eine starke Ortsbindung. In der Natur würden Sie sich nicht weit um die Höhle herum, in der sie geworfen worden sind, entfernen. Beim leisesten Anzeichen einer sich anbahnenden Gefahr würden sie wie der Blitz in diese Höhle zurücksausen. Ihr Welpe muss nun die Trennung vom gewohnten Ort verkraften und sich an den neuen Ort gewöhnen. Für die seelische Entwicklung des Welpen ist es ganz zentral, dass er möglichst schnell Vertrauen in seine neue Umgebung fasst und sich dort sicher fühlt. Deswegen ist es sehr wichtig, dass er sein neues Umfeld in Ruhe erkunden kann. Daher sollten Sie es vermeiden, dass andere Personen als die eigentlichen Familienmitglieder schon zu Hause warten und alle gleich begeistert auf das Hundekind zustürzen, es herzen wollen, etc. Wenn Sie zu Hause angekommen sind, setzen Sie den Welpen zunächst einmal auf das Rasen-/Wiesenstück, das Sie zum Pipimachen auserkoren haben und lassen ihn pillern.

Dann tragen Sie ihn in seine neue Wohnung. Ein gut aufgezogener Welpe wird zwar eventuell vorsichtig, aber doch neugierig durch die Wohnung tippeln.

Die ersten Stunden

Gehen Sie mit dem Welpen durch die gesamte Wohnung, zeigen Sie ihm alles. Bleibt er in einem Raum sitzen, können Sie zum nächsten gehen, dabei muss der Welpe Sie aber unbedingt noch sehen. Hocken Sie sich hin und rufen Sie mit freudiger Stimme, klopfen auf den Boden, quietschen Sie mit einem Gummitier. Lässt er sich locken, ist es gut. Auf keinen Fall sollten Sie ihn an die Leine nehmen und in den Raum zerren. Er muss von sich aus wollen, was Sie durch Anreize wie Leckerchen, Spielzeug, Stimme fördern können. Tippelt er zu den anderen Familienmitgliedern hin, nehmen die ihn natürlich sofort mit freundlicher Stimme in Empfang und streicheln ihn sanft. Sie sollten aber nicht nach ihm grabschen, gleich auf den Arm nehmen und umhertragen.

Wenn er auf seinem Erkundungsgang ist, zeigen Sie ihm, wo sein Futter- und sein Wasserschälchen stehen und geben ihm Futter. Mag er nicht fressen, sollten Sie ihn nicht drängen, vielleicht war die ganze Aufregung einfach zu viel für ihn.

Hat er jedoch gefressen und/oder getrunken, nehmen Sie ihn sofort auf den Arm und tragen ihn nach draußen, möglichst auf den vorgesehenen Löseplatz. Vermutlich wird der Kleine recht bald müde, denn er musste ja nicht nur die Autofahrt, sondern nun auch noch eine ganz neue Umgebung verkraften, und all das ohne seine Mama, seine Geschwister und seine bisherigen menschlichen Familienmitglieder. Legen Sie ihn in sein Körbchen, und bleiben Sie bei ihm sitzen, bis er eingeschlafen ist. Sie brauchen nun nicht auf Zehenspitzen herumzuschleichen, benehmen Sie sich ganz normal, nur lassen Sie ihn ruhen. Selbstverständlich ist jemand da, wenn das Hundekind dann wieder aufwacht.

Es ist gut möglich, dass der Kleine eben noch wild gehüpft ist und im nächsten Moment buchstäblich wie »tot« umfällt. Erschrecken Sie nicht: Welpen müssen wie Menschenkinder sehr viel schlafen und fallen oft ganz plötzlich in den Schlaf. Sie sollten ihn schlafen lassen, und das gilt nicht nur für den ersten Tag, sondern auch für die nächsten Wochen und Monate. Im Schlaf erholt sich der Welpe körperlich und seelisch, er braucht ihn dringend für seine Entwicklung.

Wecken Sie Ihren Welpen nie auf, nur weil Ihnen nach Kuscheln und Spielen zumute ist.

Die erste Nacht im neuen Zuhause

Irgendwann ist Ihre Schlafenszeit gekommen. Es fragt sich, wo der Welpe schlafen soll. Artgerecht wäre es, wenn er bei Ihnen im Schlafzimmer schlafen darf, da die Rudelmitglieder im Hunderudel zusammen, wenn auch oft ohne direkten Körperkontakt schlafen. Gerade für einen Welpen, der bislang immer an Mutter und/oder Geschwister gekuschelt geschlafen hat, wäre es grausam, wenn Sie ihn nun zwingen würden, allein in einem anderen Zimmer zu schlafen. Nichtsdestotrotz haben viele Welpenkäufer für sich überhaupt kein Problem damit, ihren Welpen von Anfang an wegzusperren. Besonders beliebt sind Küche oder Badezimmer, weil diese Räume in der Regel mit gut wischbaren Böden versehen sind, was das Wegputzen eines Malheurs leichter macht. Oft ist es sogar so, dass die Familie im oberen Stockwerk schläft, während der Welpe unten in der Küche verbleibt. Fairerweise muss man zugestehen, dass es immer wieder Welpen gibt, die diese Behandlung klaglos mitmachen – sich einfach einrollen, schlafen und sich am nächsten Morgen freuen, wenn sie ihre Menschen dann wiedersehen. Doch genauso muss man auch sagen, dass andere Welpen unter diesem Umgang mit ihnen schwer leiden, herumlaufen und keinen Schlaf finden, wimmern oder heulen. Das Alleinlassen des Welpen in seiner ersten Nacht in seiner neuen Umgebung kann u. U. katastrophale Auswirkungen haben auf seine spätere Fähigkeit, allein zu bleiben.

Ich persönlich halte es für die beste Variante, dem Welpen ein Körbchen/eine Decke, einen Karton etc. neben das Bett zu stellen, wenn man keinen Hund im Bett haben mag. Zwei Gründe sprechen dafür, den Welpen nachts zu sich zu nehmen: Zum einen läuft man nicht Gefahr, dem Welpen einen u. U. irreparablen Schaden zuzufügen, was die weitere Fähigkeit, auch mal ohne seine Menschen zu sein, betrifft. Wenn es richtig schief läuft, kann der Welpe so schwer traumatisiert werden,

Der Welpe im Bett – warum eigentlich nicht?

dass Sie ab sofort ein Problem damit haben werden, ihn auch tagsüber mal allein zu lassen. Aber selbst für die meisten Welpen, die nun nicht gleich ein Trauma erleiden, wenn sie die Nacht allein verbringen müssen, ist es natürlich zur Eingewöhnung wesentlich schöner, wenn sie bei ihrer neuen Familie bleiben dürfen und sich nicht so allein gelassen fühlen müssen.

Zum anderen ist ein Schlafen des Welpen in Ihrer Nähe im Hinblick auf das Erlernen der Stubenreinheit wichtig: Sie haben den Kleinen so unter Kontrolle, können ihn hinausbringen zum Pipimachen, wenn er unruhig wird. Stellen Sie sich lieber innerlich auf einige unruhige Nächte ein. Die nächsten zwei, drei Wochen werden Sie vermutlich nicht durchschlafen können, weil Sie ihn zum Pillern hinausbringen müssen. Ist Ihr Welpe dagegen entfernt von Ihnen untergebracht, bekommen Sie nicht mit, wenn er aufwacht, weil er muss. Diesem Welpen bleibt dann gar nichts anderes übrig, als in die Küche/ins Bad zu machen, weil ja niemand auf seine Unruhe aufmerksam werden kann. Die Erziehung zur Sauberkeit erschwert dies natürlich ungemein, denn wie soll der Welpe begreifen, dass er nachts ruhig in die Wohnung machen kann, tagsüber aber nicht? Am bedauernswertesten ist natürlich der Welpe, der morgens dann eine Schimpfkanonade über sich ergehen lassen muss, wenn die Familie den Haufen in der Küche entdeckt. Ähnliches gilt für Ratschläge, den Welpen zusätzlich in eine kleine Box einzusperren. Da Hunde sich nur im äußersten Notfall dort versäubern, wo sie ansonsten liegen, arbeitet dieser »Trick« mit der Not des Welpen, seine Box nicht beschmutzen zu wollen – und Herrchen kann durchschlafen.

In manchen Büchern kann man als Tipp lesen, dem Welpen nach 18 Uhr nichts mehr zu Trinken zu geben, damit er nachts nicht Pipi muss. Für mich ist das Tierquälerei. Ich stelle mir einen solchen Ratschlag in Babyratgebern für frisch gebackene Eltern vor, damit die Ärmsten nachts keine Windeln wechseln müssen! Da wäre das Protestgeschrei sicher groß.

Wie steht es um das Schlafen im Bett des Besitzers? Tja, da gilt es die »Philosophie« anzusprechen, dass ein Hund unter gar keinen Umständen mit seinem Halter im gleichen Bett schlafen dürfe, weil dieses automatisch die Autorität des Besitzers untergrabe und schwerwiegende Folgen für die Rangordnung im Familienrudel haben werde. Nun, dazu ist zu sagen: Wenn ein Hund durch sein Verhalten klar anzeigt, dass er seine Besitzer nicht als die Führungspersonen im Familienrudel ansieht, ist als eine erzieherische Maßnahme die Verbannung aus dem Bett im Sinne eines Entzugs von Privilegien sinnvoll. Ist gar die Situation eingetreten, dass der Hund das Bett gegen seine Halter oder einen von Ihnen verteidigt, so fliegt er ab sofort raus. Nur: Das Verteidigen des Bettes ist nur ein Symptom für ein grundsätzliches Problem in der Beziehung der beiden. Schlafen im Bett führt nicht notwendigerweise zu einem »Dominanzproblem«. Wenn der Umgang stimmt, führt Schlafen im Bett eher zur Bindungsförderung statt zur Autoritätsuntergrabung. Meine Welpen durften im Bett schlafen – wir haben das gemeinsam genossen und es kam zu keinen erzieherisch negativen Auswirkungen. Ehrlich gesagt finde ich es immer furchtbar schade, wenn die Welpen irgendwann von sich aus nicht mehr im Bett schlafen wollen, weil es ihnen einfach zu warm und/oder zu eng geworden ist. Also, wenn es Ihnen nicht zu eng im Bett wird, Ihren Schlaf nicht stört oder Sie sich durch aus dem Fell rieselnden Sand im Bett nicht gestört fühlen, spricht auch nichts dagegen, den Welpen mit ins Bett zu nehmen. Wichtig ist, dass er sich jederzeit klaglos aus dem Bett schicken lässt, wenn es Ihnen zu viel wird. Zeigt er dann seine Milchzähnchen, wissen Sie, dass Sie an anderer Stelle etwas falsch gemacht haben!

Das Allerwichtigste: Bindungsaufbau!

5

Wenn Hundebesitzer einen Welpen zu sich holen, ist ihre erste Sorge in der Regel, ihn schnell stubenrein zu bekommen, die Verwüstungen in der Wohnung so gering wie möglich zu halten, die Hände vor den scharfen Milchzähnchen zu schützen.

Fragen, die an Leiter von Welpenprägungsspielstunden gestellt werden, beziehen sich in der Regel auf praktische Dinge wie die oben bereits erwähnten, oder Fragen zur Fütterung, nach der richtigen Leine, wie man den Welpen ans Alleinbleiben gewöhnt, wie man Krallen schneidet etc. Fragen danach, wie Hunde eigentlich denken und fühlen, welche Bedürfnisse sie haben, wie man sich mit ihnen verständigen kann, wie ein Hund lernt etc., werden in der Regel nicht gestellt. Nutzt man Infoabende für die Welpenbesitzer dazu, nicht nur die nachgefragten, praktischen Themen zu behandeln, sondern den Hundehaltern generell das Wesen des Hundes näher zu bringen, so bemerkt man rasch, dass man völlige Neuigkeiten von sich gibt.

Auch Menschen, die sich einen älteren Hund, eventuell aus dem Tierheim, holen und Probleme in gewissen Bereichen haben, geht es meist vordringlich darum, ein bestimmtes Problem zu lösen. Holt man weiter aus, um die Entstehung dieses Problems zu erläutern und die sich daraus ergebenden Konsequenzen für die Umgestaltung der Mensch-Hund-Beziehung, so bemerkt man häufig im günstigsten Falle lediglich Unwissenheit, im ungünstigen Falle Desinteresse und den Wunsch, den roten Knopf genannt zu bekommen, auf den man als Hundehalter drücken muss, damit der Hund wie gewünscht funktioniert.

Wenn man über die Jahre hinweg mit vielen unterschiedlichen Mensch-Hund-Paaren zu tun hat, so fällt auf, wie häufig es an einem Grundelement der Beziehung fehlt: Der Bindung zwischen Mensch und Hund. Und fehlende Bindung steht im Hintergrund vieler Probleme, die Hundehalter mit ihren Hunden haben.

Was ist das: Bindung?

Bindung meint, dass nicht nur der Mensch seinen Hund liebt, sondern dass auch für diesen sein Mensch der allergrößte und allerbeste Freund und Partner ist, dem er voll und ganz vertraut. Zwischen beiden herrscht ein geradezu blindes Verstehen.

Hunde sind als hochsoziale Rudeltiere darauf eingestellt, eine enge Bindung zu ihrem menschlichen Gefährten einzugehen. Sie gehen diese Bindung aber nicht unbedingt, wie man vielleicht vermuten könnte, am liebsten zu dem Familienmitglied ein, das sie füttert und das vielleicht die meiste Zeit mit ihnen verbringt.

Der Hund schließt sich am engsten an denjenigen an, der mit ihm gemeinsame Aktionen startet, die Spaß machen, bei denen man sich als Hund toll fühlt, bei denen der Hund bewältigbare Aufgaben meistert. Aber allein dadurch, den Clown für den Hund zu machen, erreicht man es nicht, ihn fest an sich zu binden. Genauso wichtig ist es für den Hund, eine Person zu finden, die ihm klare, verlässliche Regeln vorgibt, an die er sich zu halten hat. Diese klaren Regeln bedeuten für den Hund Sicherheit. Er weiß, dass ihm in der Gemeinschaft mit seinem menschlichen Partner nichts passieren wird. Das für den Hund kalkulierbare Verhalten des Menschen schafft Vertrauen. Dieses Vertrauen ist die Basis dafür, dass der Hund Ängste vor seiner Umwelt verliert und voller Selbstvertrauen die an ihn gestellten Anforderungen meistert.

Bindung ist die halbe Miete

Schafft man es, eine feste Bindung zum Hund aufzubauen, so ist damit das Fundament für den gemeinsamen Lebensweg gelegt, denn:
Die gesamte Erziehung fällt leichter, weil der Hund sich erstens stärker auf seinen Menschen konzentriert, und weil er zweitens eher das Bestreben hat, von diesem

Der Mensch muss sich um Verständigung bemühen

Menschen ein positives Feedback zu bekommen. Der Hund wird weniger ausgeprägt die Rangordnungsfrage stellen.

Der Hund wird in seinem Selbstvertrauen gestärkt. Mit einem Partner im Hintergrund, dem man voll vertrauen kann, kann man sich als Hund eher trauen, sich Anforderungen des Alltages zu stellen. Und dann merkt man, dass alles gar nicht so schlimm ist, man zum Beispiel tatsächlich über einen Lüftungsschacht in der Einkaufspassage gehen oder eine Wendeltreppe erklimmen kann. Bindung fördert somit die Umweltsicherheit des Hundes.

Bindung heißt nicht sklavische Abhängigkeit

Einen Hund an sich zu binden, darf aber nicht so verstanden werden, dass man nun in einem Überschwall von so verstandener »Liebe« den Hund rund um die Uhr herzt, bemuttert, tröstet, wenn ihn etwas ängstigt und ihm keine Luft zum Atmen lässt.

Genauso, wie es leider viel zu viele Hunde gibt, die relativ bindungslos in der Familie so mitlaufen, gibt es auch die armen Geschöpfe, die voll und ganz als Partner- und/oder Kindersatz vereinnahmt werden:

Sie werden möglichst nicht alleingelassen, weil man ihnen das ja nicht zumuten könne. Sie werden vor den »Gefahren« der Welt durch Überbehütung beschützt. Ihnen wird kein Kontakt zu ihren Artgenossen zugestanden, damit sie nur ja nicht auf den Geschmack kommen und andere Hunde vielleicht besser finden als Frauchen/Herrchen.

Solchen Hunden wird ein derartiges Abhängigkeitsgefühl von ihren Menschen eingeimpft, dass sie sich in deren Abwesenheit völlig hilflos, ja existentiell bedroht fühlen.

Eine Folge ist häufig das ununterbrochene Heulen und Wimmern, selbst wenn sie nur kurz allein gelassen werden; das Zerstören der Wohnung oder gar der Verlust der Kontrolle über die Ausscheidungsorgane, wenn das so geliebte Frauchen nicht da ist.

Bindung aufbauen – aber wie?

Der Aufbau einer Bindung zum Welpen sollte am Anfang des Zusammenlebens mit dem Welpen das erste und vordringliche Ziel sein – und nicht die schnelle Sauberkeitserziehung oder das Abgewöhnen des Zerrens an der Leine.

Der Hund bringt von sich aus alles mit, sich an seinen Menschen als seinen Rudelführer zu binden – und nicht »nur« unterzuordnen. Der Mensch ist es, an dem es liegt, ob die gewünschte Bindung aufgebaut wird.

Was es dazu braucht ist: Einfühlungsvermögen, Körperkontakt, gemeinsames Tun, eine vordringlich über Belohnung arbeitende Erziehung, Fairness, Konsequenz und die Ausstrahlung einer souveränen Autorität.

Einfühlungsvermögen – den Welpen verstehen

Mensch und Hund verstehen sich durchaus nicht »blind«. Im Gegenteil, in der Beziehung zwischen Menschen und ihren Hunden wimmelt es häufig nur so vor Missverständnissen. Die Schuld daran liegt beim Menschen, denn Hunde bemühen sich wirklich nach Kräften, zu entschlüsseln, was ihnen ihre Menschen zu sagen versuchen. Aber wir Menschen geben uns oft nicht genügend Mühe, die Körpersprache unserer Hunde zu lesen, zu verstehen und entsprechend darauf zu reagieren. Es ist Ihr Job, sich hinsichtlich der Ausdrucksformen Ihres Hundes schlau zu machen und sich im eigenen Ausdrucksverhalten den Verständnismöglichkeiten des Hundes anzupassen.
Hunde kommunizieren über mehrere Kanäle: Der Geruchskanal, der im Hundeleben eine ganz zentrale Rolle spielt, bleibt uns leider weitgehend verschlossen. Die »verbale« Sprache nimmt beim Hund nicht die Bedeutung an, die sie für uns hat, aber natürlich kann man sehr wohl lernen, welche Tonqualitäten für was stehen. Wenn wir auf unsere Hunde einquasseln, achten die weniger auf die Buchstabenfolge, sondern stärker auf den Tonfall. Die Kommunikation über Berührung spielt im Hundeleben auch eine wichtige Rolle und wird in der Verständigung zwischen Mensch und Hund leider oft stiefmütterlich behandelt. Hunde kommunizieren aber auch sehr schön über ihre Körpersprache – und die zu entschlüsseln, kann man lernen!

Es würde den Rahmen dieses kleinen Buches sprengen, wenn ich Sie hier in die Geheimnisse der Kommunikation mit Hunden einzuweihen versuchte. Das ist auch völlig unnötig, denn es gibt ein wunderbares Buch, das ich Ihnen dringend ans Herz legen möchte: Patricia Mc Conell hat in ihrem Buch »Das andere Ende der Leine« hervorragend und vor allem auch gut lesbar beschrieben, wie Hunde sich untereinander verständigen, auf welche Kommunikationskanäle wir Menschen stärker fixiert sind, warum es zwischen Hunden und Menschen so viele Missverständnisse gibt. Aber Sie zeigt nicht nur, wie es falsch läuft, sondern auch, wie man es richtig machen kann!

Eine wirklich enge Bindung zu Ihrem Hund wird niemals möglich sein, wenn Sie nicht lernen, seine Sprache zu verstehen und selber zu sprechen. Wenn Sie das genannte Buch gelesen haben, werden Sie diesem Ziel einen riesigen Schritt weiter sein. Sie brauchen viel Übung, um Hundeverhalten entschlüsseln und sich selber verständlich machen zu können, aber im Zusammenleben mit Ihrem Hund werden Sie an dieser Aufgabe wachsen – immer vorausgesetzt, Sie bemühen sich ehrlich um das Verständnis Ihres Hundes.

Körperkontakt zulassen

Mit dem Gewähren von engem Körperkontakt haben viele Hundehalter schon ihre Probleme. Man tätschelt auf dem Kopf herum (was kaum ein Hund mag!), oder klopft an seinen Brustkorb (was übrigens auch viele Hunde nicht gerade erbauend finden). Umgekehrt werden Zärtlichkeitsgesten des Hundes von vielen Menschen als »eklig, unhygienisch« angesehen und abgewehrt: wie zum Beispiel das Lecken übers Gesicht, ein sanftes Knabbern an den Händen, das Ausschlecken der Ohren. Ein Hund, der das zeigt, zeigt nicht nur Zuwendung, sondern auch eine Unterordnungsbereitschaft und schlicht und einfach gegenseitiges Pflegeverhalten. Wer mit mehreren Hunden zusammenlebt, wird täglich beobachten können, wie die Aufnahme von Körperkontakt über Stupsen, Reiben, Lecken ein tägliches Ritual ist, mit dem man sich der Zugehörigkeit (und natürlich auch der Rangpositionen) vergewissert. Platt ausgedrückt: Lassen Sie sich ein Küsschen vom Welpen geben, ist das in Ordnung, drücken Sie ihm selber eins auf die Nase, könnte das von ihm als Unterwerfungsgeste missverstanden werden.

Kontaktliegen

Was spricht denn dagegen, sich mit dem Welpen auf dem Boden zu wälzen und abends vor dem Fernseher eng mit ihm zu kuscheln? Problematisch ist das nur dann, wenn der Hundehalter in seinem alltäglichen Umgang mit dem Welpen nicht gleichzeitig als souveräner Chef auftritt. Dann kann es freilich passieren, dass das abendliche Kuscheln auf dem Sofa im Eklat endet, wenn der Partner vielleicht mit aufs Sofa will.

Gemeinsames Tun

Für den Welpen ist es toll, gemeinsam mit seinem Menschenkumpel Dinge zu erleben. Gemeinsames Spazierengehen ist zwar schon gut, noch besser ist aber, wenn man nicht nur nebeneinander her geht, sondern beim Spazierengehen miteinander spielt, durch einen Bach watet, auf Baumstümpfe klettert, sich durch Röhren hindurchschlängelt, verstecken spielt. Man besteht so gemeinsam viele Abenteuer. Statt auf schnurgeraden, sauber gepflasterten Wegen zu gehen, lieben Hunde es, sich auf Trampelpfaden durch das Gebüsch zu schlagen, sich in unwegsamem Gelände einen Durchgang zu erobern. Gemeinsames Tun meint natürlich auch Spielen zu Hause.

Die Bedeutung des gemeinsamen Spielens

Spielen ist ganz wesentlich für die seelische, geistige und körperliche Entwicklung des Hundes. Er trainiert seine körperliche Geschicklichkeit beim Spielen, seine Auffassungsgabe und Reaktionsfähigkeit und entwickelt über erfolgreiches Spielen (man hat Beute gemacht, ein Objekt gewonnen, eine Leckerei gefunden, den abenteuerlichen Gang über ein wackelndes Brett gewagt) Selbstbewusstsein. Hunde spielen sowohl für sich allein (mit oder ohne Objekt), als auch mit anderen Hunden und mit Menschen.

Wenn man Welpen beobachtet, die sich allein mit einem Objekt beschäftigen, kann man sehen, wie sie dabei Elemente aus dem Jagdverhalten erproben: Einen Ball anticken, damit der sich bewegt und man ihm hinterherjagen kann, der »Mäuselsprung« auf das erreichte Objekt, das Zupacken, Festhalten, Totschütteln – und je nach Konsistenz – das Zerlegen der Beute. Welpen spielen auch ohne Objekt einfach mit sich selbst, indem sie zum Beispiel den eigenen Schwanz zu jagen versuchen. Wenn Sie mit anderen Hunden spielen, sind dabei zwei »Hauptthemen« zu beobachten: Jagdspiele (einer spielt die Beute, der andere den Jäger, dann wechseln die Positionen) und Kampfspiele (wer ist der Stärkere, wie bringe ich den Gegner zu Fall, wie erkämpfe ich mir eine Beute, die der in der Schnauze trägt, etc.).

Das heißt: Im Spiel lernt der Welpe, das, was wichtig ist im Leben eines Hundes:

sich Nahrung zu verschaffen, seinen Besitz gegen andere zu verteidigen, sich in einen Sozialverband einzufügen, und dort geltende Regeln zu beachten.

Und Ähnliches sollte im Spiel mit dem Menschen passieren: Über das Spielen können Sie eine Bindung zu Ihrem Welpen aufbauen, sich für ihn zum allerliebsten (Spiel-)Partner machen. Sie ersetzen ihm wenigstens zum Teil seine Geschwisterspiele, helfen ihm so über die Trennung hinweg.

Gemeinsames Tun

Vergessen Sie Stühle und Sofas – Ihr Platz ist nun erst einmal auf dem Boden. Legen Sie sich auch ruhig zu Ihrem schlafenden Welpen, kuscheln Sie mit ihm, robben Sie gemeinsam auf dem Teppich herum, kriechen Sie mit ihm unter dem Tisch durch, laufen Sie um die Wette. Sie müssen ihm seine gewohnten Spielpartner ersetzen, mit denen er bislang kuscheln, sich verfolgen, um Beute streiten konnte, etc.

Da der Welpe sich natürlich sehr allein fühlt, sucht er Anschluss an einen neuen Vertrauenspartner, so dass Sie die besten Chancen haben, für ihn zu diesem Partner zu werden. Sie sollten auf seine Kontaktangebote wie ein Anschauen, ein Anstupsen, ein Hinterherlaufen eingehen, indem Sie viel mit ihm in einer freundlichen, nicht lauten Stimme sprechen, ihn dabei anlächeln, ihn auf sich herumkrabbeln lassen, ihm das Bäuchlein kraulen und die Ohren massieren und mit ihm herumalbern. Drängen Sie ihm aber nicht Ihre Gemeinschaft auf.

Läuft das Kontaktangebot Ihres Welpen über Anbellen, so sollten Sie dieses von Anfang an mit einem schlichten Ignorieren quittieren (nicht ansprechen, nicht angucken, nicht anfassen, nicht zu ihm hingehen). Ansonsten besteht die Gefahr, dass er sich zum Kläffer entwickelt, der immer, wenn er etwas will, seine Wünsche lautstark zum Ausdruck bringt.

Wie man zum allerbesten Spielpartner wird

Zentral ist, dass der Welpe vom ersten gemeinsamen Tag an Sie als allerbesten Spielpartner erlebt. Stammt er von einem guten Züchter, kennt er bereits andere Menschen als Spielpartner und fordert Sie vielleicht sogar von sich aus auf, mit ihm zu spielen.

Im Spiel mit ihren Menschen wollen Hunde sich an ihnen messen, ihnen gefallen und genießen das gemeinsame Tun, was das Zusammengehörigkeitsgefühl fördert. Sie können mit Ihrem Welpen mittels eines Objekts zusammen spielen, indem Sie zum Beispiel

zusammen an einer Beißwurst ziehen. Aber Sie können und sollten mit Ihrem Hund natürlich auch ohne »Zubehör« (sei es nun ein Spielzeug oder ein Baumstamm) spielen: sich auf den Boden wälzen, knuddeln, üben, den Hund an den verschiedensten Stellen sanft zu berühren, einen Ball in der Kniekehle verstecken, den Welpen zwischen den Beinen durchlaufen lassen, gemeinsam um die Wette krabbeln. Viele Menschen haben gerade mit dieser Art des Spiels ein Problem und schmeißen lieber immer nur stereotyp Tennisbälle oder Stöckchen durch die Gegend.
In dem spielerischen Miteinandertun wird die Bindung entscheidend gestärkt. Wie es andererseits darum bestellt ist, können Sie gut daran ablesen, wie der Welpe auf Spielaufforderungen Ihrerseits eingeht. Reagiert er nur träge, lässt er sich leicht ablenken, beendet er von sich aus das Spiel, so sind Sie noch nicht sein bester Kamerad.
Es kann auch sein, dass Sie einfach noch nicht den richtigen Dreh gefunden haben. Vielleicht spielt Ihr Welpe viel lieber etwas anderes, als das, was Sie hauptsächlich spielen. Da heißt es ganz einfach ausprobieren!

Manche Hunde können stundenlang Bälle apportieren, andere möchten am liebsten Zerrspiele spielen, wieder andere möchten mit Ihnen unwegsames Gelände

Zergelspiel

Ihr Platz sollte häufig am Boden sein!

erkunden. Kommen Sie Ihrem Hund dabei entgegen – aber nie so, dass er glaubt, Ihr Spiel zu diktieren. Und: Abwechslung ist angesagt.

Beim Spielen kann man Welpen auch Hörzeichen beibringen. Man rennt zum Beispiel plötzlich mit ihm los, ruft bei jedem Haken, jedem Richtungswechsel freudig ein »Hier« und lobt den Welpen, wenn er mitkommt. Meist tut er das, vor allem, wenn Sie ihn dadurch aus dem trägen Trott des Spazierengehens herausholen. Oder Sie lassen auf einem Spaziergang den Welpen bei einer befreundeten Person und verstecken sich. Diese ruft »Such«, und er wird sich auf den Weg machen, seinen Partner wiederzufinden.Je mehr Sie sich mit Ihrem Hund spielerisch beschäftigen und ihm dabei Erfolgserlebnisse vermitteln, desto mehr wird er sich auf Sie als seinen besten Kumpel konzentrieren. Er will Ihre Beachtung und Achtung und macht deswegen gerne die Dinge, von denen er weiß, dass Sie in großen Jubel ausbrechen, ihn knuddeln, ihm ein Spielzeug oder Leckerchen geben.

Spielen – und die Jagdthematik

Nun kann man bezüglich des Spielens mit dem Hund und der Spielzeuge, mit denen man spielt, in jüngster Zeit die absonderlichsten Auffassungen lesen. Auf einen Nenner gebracht: Wenn man nicht möchte, dass sich der Hund zum Jäger entwickelt (und wer möchte das schon?), dann darf man mit ihm nichts spielen, was an Jagd erinnert.

Also: Kein Bällchen werfen, hinter dem der Hund herrennen soll– das entspricht der Hetzjagd. Quietschies darf man nicht zum Spielen geben, weil der Welpe so darauf trainiert würde, Tiere zu töten, da das Quietschen so eine Freude macht. Oder Quietschies seien deshalb tabu, weil der Hund, der mit dem Quietschie spielt, sich dann auch auf Babies stürze und in sie hineinbeiße, um denen ein Quietschen zu entlocken. Zergelspiele sollte man auch vermeiden, weil diese sonst Tötungs- und Zerfetzabsichten beim Welpen befördern könnten.

Was ist dran an diesen Warnungen?

Hunde können im Spiel ihre natürlichen hundlichen Verhaltensweisen ausleben, indem sie all die Verhaltensweisen, die sie ansonsten in der Natur bei der Jagd nach Beutetieren zeigen, trainieren: Fährtengeruch aufnehmen, sich bewegende Objekte in der Entfernung ausmachen, sich anpirschen, hinter etwas herrennen, Beute packen und tot schütteln, um die Beute zergeln. Alle unsere Hunde sind als Abkömmlinge des Urahns Wolf Jäger und haben diese verschiedenen Verhaltensweisen des Jagens in ihrem Verhaltensrepertoire – wobei sich die Rassen erheblich unterscheiden, je nachdem, für welchen Zweck sie gezüchtet worden sind. Je größer der genetisch noch verankerte Jagdtrieb bei einem Welpen ausgeprägt ist, desto begeisterter wird er geworfenen Bällen – aber auch wehenden Blättern – hinterherjagen, sofern ihm die Jagd per Auge besonders am Herzen liegt. Also: potentielle, flüchtige, sich schnell bewegende Beute auszumachen und diese zu hetzen. Ist in seinem Verhaltensrepertoire dagegen das Aufstöbern des Geruchs möglicher Beutetiere stärker verankert, wird er eher mit der Nase am Boden Spuren verfolgen oder sich über das Fernwittern (Nase hoch erhoben im Wind) über mögliche Beutetiere orientieren. Indem man einem Hund ein Objekt bietet, hinter dem er herrennen darf – wie es beim Bällchenspielen der Fall ist, oder ihm eine Spur bietet, wie zum Beispiel über das Auslegen von Futterbrocken – leistet man einen Teil zur Befriedigung dieser Jagdinstinkte. Gleichzeitig muss man sich aber auch darüber im Klaren sein, dass das Ausleben jagdlicher Neigungen diese nicht vermindert, sondern stärkt.

Von daher ist es richtig, vor unkontrollierten Beutespielen zu warnen, bei denen der Hund bestimmt, wann, mit was und wie lange gespielt wird. Ein Beispiel: Der Welpe findet im Wald ein Stöckchen, schleppt es zu Ihnen, wirft es Ihnen vor die Füße, bellt auffordernd. Sie kommen der Aufforderung nach, werfen den Stock, und das geht so lange, wie der Welpe Lust hat, diesen Ihnen wieder zu bringen. Stattdessen sollten Beutehetzspiele anders aussehen: Sie haben ein Beuteobjekt dabei – wie einen Ball, Kong, Gummiring – und rufen Ihren Welpen zu sich. Als Belohnung für sein Kommen werfen Sie ihm den Ball. Sie trainieren von Anfang an das Ausgeben (s. Kapitel 11 zur Erziehung) und setzen das ganze Spiel unter Regeln, wie zum Beispiel dass der Welpe sitzen muss, bevor Sie werfen. D.h. Sie spielen ein kontrolliertes Jagdspiel: Sie bestimmen, was die Beute ist, wann gespielt wird, zu welchen Regeln und wann das Spiel beendet wird. Kontrollierte Jagdspiele ermöglichen es Ihrem Hund, seine hundlichen Jagdbedürfnisse wenigstens im kleinen Rahmen befriedigen zu dürfen. Und genau das ist der Schlüssel, um unerwünschtes Jagdverhalten, das sich in der Regel nicht vor dem sechsten Lebensmonat einstellt (aber Ausnahmen gibt es immer) zu kanalisieren und damit unter Kontrolle zu bringen.

Es ist normal für einen Hund, hinter etwas herhetzen zu wollen, es zu packen, es zu schütteln (um kleine Beutetiere durch Genickbruch zu töten), mit anderen um die Beute zu streiten, indem man daran zergelt, die Beute dann vielleicht auch noch zu verbuddeln.

Ich halte es für eine Form der Tierquälerei, wenn unter Verweis auf unerwünschtes Jagdverhalten all diese Tätigkeiten unterbunden werden sollen. Die Arbeit des Hundehalters besteht darin, Jagdspiele mit seinem

Hund zu spielen, in denen die Kontrolle der einzelnen Spielabschnitte unermüdlich trainiert wird, so dass der Hund in echten Jagdsituationen, wie zum Beispiel der, dass vor ihm plötzlich ein Kaninchen über das Feld hoppelt, kontrolliert werden kann.

Wenn Sie einen Hund einer Jagdhunderasse erworben haben, können Sie sich einigermaßen sicher sein, dass er auf Sicht/Geruch von Wildtieren anspringt. Aber das trifft für viele andere Hunderassen und Mischlinge ebenfalls zu. Die Tatsache, dass Ihr Welpe sich noch nicht für die Rehe auf dem Feld, die auffliegenden Vögel, den hoppelnden Hasen interessiert und noch nicht hinterher will, heißt nicht, dass Sie in punkto Jagd nie Probleme haben werden – dieses Verhalten zeigt sich wie gesagt erst später. Aber Sie können bereits durch Ihre Art des kontrollierten Jagdspiels mit Ihrem Welpen das Fundament dafür legen, dass Ihre Erziehungsbemühungen fruchten werden, wenn sich bei ihm im Alter von einigen Monaten doch ein erwachender Jagdtrieb zeigt!

Artgerecht ist nicht das Abwürgen jeglicher Verhaltensweisen, die nah oder entfernt dem Jagdverhalten entlehnt sind, sondern das kontrollierte Ausleben lassen!

Spielen – und die »Rangordnungsthematik«

Nicht nur im Hinblick auf Förderung eines unerwünschten Jagdtriebes werden Hundehalter gewarnt, nicht »falsch« zu spielen, sondern auch im Hinblick auf das mögliche Untergraben ihrer Autorität.

So seien Zerrspiele auch deswegen »gefährlich«, weil der Mensch die ja verlieren könnte und so vor seinem Hund als Versager dastehe, was seine Führungsansprüche untergrabe. Aus dieser Befürchtung resultiert dann der Rat, entweder Zergelspiele gar nicht erst zuzulassen oder aber diese konsequent immer zu gewinnen. Das ist überzogen: Ein kleiner Welpe braucht auch mal das Erfolgserlebnis, gegen Sie als großen Gegner gewonnen zu haben. Auf die Dosierung kommt es an: D.h., Sie sollten ihm die Freude dieser Spiele lassen, mit ihm zergeln – und ihn auch immer mal gewinnen lassen.
Zum Schluss jedoch erobern Sie das Spielzeug und beenden das Spiel – dann können keine unerwünschten Höhenflüge des Welpen auftreten.

Auch körperbetonte Spiele dürfen Sie nicht nur spielen, sondern sollten Sie auch spielen: miteinander raufen, schubsen, rempeln, in den Schwitzkasten nehmen, etc. Gerade das enge, Körperlichkeit zulassende Spiel kann die Bindung zwischen Mensch und Hund enorm fördern.
Aber auch hier gilt: Sie bestimmen die Regeln dieses Spiels und setzen klare Tabus – wie zum Beispiel das Nichtzulassen von Kneifen in die Gliedmaßen, zu stürmische Nasenstüber, Zerren in den Haaren, etc. Falsch gespielt können Sie Ihrem Hund tatsächlich falsche Signale geben, die ihn dann glauben machen, in ihrer Beziehung der überlegene Teil zu sein (siehe Kapitel 6 zur Integration in das Familienrudel). Richtig gespielt, bietet gerade diese Form des Spiels die Möglichkeit, auf eben spielerischer Basis klarzumachen, wer die Führungsperson im Familienverband ist!

Die Leitmaxime beim Spiel mit dem Welpen sollte also das überlegte Spiel sein: Spiel ist nicht nur eine Spaß bringende Beschäftigung zwischen Mensch und Hund, sondern stellt auch die Weichen für das Beziehungsverhältnis: Vertrauen in eine Führungsperson versus Gefühl, in einem Machtvakuum zu leben – das man, je nach dem, wie die Persönlichkeit des Hundes gestrickt ist – ausfüllen will.

Sie untergraben nicht notwendig Ihre Autorität, wenn Sie so mit dem Welpen balgen

6 Integration in das Familienrudel

Der Welpe kann nicht antiautoritär erzogen werden

Der Hund ist als Rudeltier nicht nur daran gewöhnt, dass er sich in einer Hierarchie einordnen muss, sondern er braucht diese auch. Sie als Mensch müssen sich vom ersten Tag an als Rudelführer verhalten. Das bedeutet, dass Sie Autorität ausüben. Antiautoritäre Erziehung hat nichts mit besonderer Liebe zu tun, sondern sie ist wider die Natur des Hundes.

Autorität zu beweisen heißt jedoch nicht, Gewalt auszuüben, sondern sich in allen Bereichen, also auch geistig, stets als der Überlegene zu verhalten. Sie bestimmen, wo es lang geht – ruhig, aber konsequent. Der Rudelführer ist nicht der körperlich Überlegene, Gewalt ausübende Raufer, sondern derjenige, der geistig immer einen Schritt voraus ist. Er ist derjenige, der agiert, statt zu reagieren. Günther und Karin Bloch haben in die Diskussion um Rangordnung, Dominanz, Alphawolf einen schönen Ausdruck ins Spiel gebracht: Die »Eltern-Nachwuchs-Dominanz«. Will sagen: Wolfseltern werden von ihren Kindern als Führung anerkannt, weil die jungen Wölfe durch Beobachtung/Erfahrung lernen, dass ihre Eltern eben doch besser Bescheid wissen. Diese wissen, wie man sich etwas zum Fressen beschafft, wie man Gefahren vermeidet, wie man eine Eisfläche überqueren kann, ohne einzubrechen, an welcher Stelle im Fluss ein gefahrloses Hindurchschwimmen möglich ist, etc. Und Sie erleben ihre Eltern als erfolgreiche Beschützer. Nichts anderes sollte auch zwischen Menschen und ihren Hunden passieren: Der Mensch als Elternteil, der sich um seine Schutzbefohlenen sorgt, sie beschützt, ihnen die Welt zeigt, ihnen zeigt, wie man sich in dieser Welt zurechtfindet.

Leider glauben viele Menschen, dass sie durch Härte ihre Rangposition klarstellen müssen und dass man sich allein auf das Befolgen von Befehlen zu konzentrieren habe. Da wird gebrüllt, an der Leine gezogen, permanent von der »Unterordnung« des Hundes geredet, der Hund schlimmstenfalls mit Schlägen traktiert. Aber die Einordnung des Hundes in das Familienrudel meint etwas anderes und lässt sich auf gewaltfreie (aber nicht zwangfreie!) Art vollziehen: Subtile Feinheiten im alltäglichen Umgang machen dem Hund seine untergeordnete Rudelposition deutlich. Wenn man begreift, wie Hunde im Rudel untereinander ihre Rangordnungen klarstellen, kann man daraus viel für die eigene Strategie lernen.

Ein Rudel kann es sich nicht leisten, wenn sich einzelne Mitglieder ständig körperlich bekämpfen. Verletzungen eines oder mehrerer Rudelmitglieder schwächen die Truppe als ganzes in ihren Chancen, zum Jagderfolg zu kommen, das Rudel zu verteidigen, die Welpen großzuziehen. Deswegen machen sie es in der Regel zunächst über subtile Dinge aus. Wir als Menschen können dieses Verhalten kopieren und es so schaffen,

Ein Rudelchef bietet Schutz

Sie müssen dem Welpen die Eltern ersetzen.

dem Hund klarzumachen, dass wir als erwachsene Menschen der Boss sind, nicht aber er.

Eigenschaften eines Rudelbosses sind: Geistige Überlegenheit, vorausschauendes Denken, Agieren statt Reagieren, klares Setzen von Regeln, Bestehen auf Einhaltung der gesetzten Regeln, aber kein kleinkariertes ständiges Zurschaustellen der eigenen Macht durch körperliche Übergriffe. Ein Rudelchef lässt seinen Familienmitgliedern auch mal kleine Freiheiten, lässt sie Erfolgserlebnisse haben. Er sorgt dafür, dass die Stimmung gut ist, indem er zum Beispiel ständige Querulanten zurechtweist. Ein guter Rudelchef vermittelt seinen Familienmitgliedern das Gefühl, Mitglied in einer Gemeinschaft zu sein, in der jeder seinen Platz und seine Funktion hat. Das Gruppenleben folgt klaren Regeln, die Verhaltenssicherheit bieten. Man hat Spaß miteinander und man steht füreinander ein. Der Chef trifft die richtigen Entscheidungen, von denen dann alle profitieren. Der Chef ist aber auch durchaus derjenige, der Grenzüberschreitungen reglementiert. Da wird nicht lange gefackelt und diskutiert, sondern die Reglementierung erfolgt blitzschnell und durchaus auch körperlich, wenn die »verbale« Zurechtweisung (sprich anknurren, kombiniert mit körperlicher Drohgestik und Mimik) nicht fruchtet: Da wird über die Schnauze gebissen, der Missetäter wird gerempelt, im Nacken gepackt, zu Boden gedrückt, es wird sich auf ihn draufgesetzt. Scheinattacken gegen seine Kehle werden gefahren, ja es wird ihm auch abverlangt, sich gänzlich auf den Rücken zu drehen und so lange dort bewegungslos zu verharren, bis ihm gestattet wird, wieder aufzustehen. Ist diese Reglementierung beim Missetäter angekommen, verhält sich der Chef wieder total neutral, keineswegs nachtragend.

Es gibt manche Menschen, die eine so natürliche Autorität ausstrahlen, dass ihnen wildfremde Hunde sofort vertrauen, sie akzeptieren. Den meisten Hundehaltern ist diese natürliche Begabung nach meiner Erfahrung aber nicht zu Eigen, sie müssen sich die Anerkennung ihrer Hunde mühsam erarbeiten.

Die Befolgung der nun genannten Regeln für den ganz alltäglichen Umgang mit dem Hund kann wesentliche Bausteine dafür liefern, dass sich Ihr Hund gerne an

Ihnen als Chef orientiert. Und nur, wenn er Sie als seinen Chef akzeptiert, wird es Ihnen möglich sein, vom Hund Verhaltensweisen abzuverlangen, die er selber nicht möchte, bzw. ihm Verhalten zu untersagen, das er zu gerne zeigen würde. Selbstverständlich kann man in der Hunderziehung viel über Belohnung erwünschten Verhaltens erreichen (siehe Kapitel 11 zur Grunderziehung).

Aber nicht immer kann die von Ihnen in Aussicht gestellte Belohnung mit der Belohnung konkurrieren, die sich der Hund bei der Ausübung eines bestimmten Verhaltens verspricht: So übertrifft zum Beispiel die Vorfreude auf das Spiel mit den Artgenossen vielfach den angebotenen Käsewürfel als Belohnung für das Kommen auf Ruf. Der Welpe wird munter weiterrasen, um zu seinen Kumpels zu kommen – anstatt umzudrehen und zu Ihnen zurückzulaufen! Es wird im gesamten Zusammenleben mit dem Hund immer wieder zu Interessenskollisionen zwischen Ihnen und Ihrem Welpen kommen. Welpen/Hunde möchten Dinge tun, die Sie als Halter nicht zulassen können.

In solchen Situationen ausschließlich darauf zu hoffen, dass der Welpe sich Ihren Erwartungen entsprechend verhält, weil ihm die Belohnung, die Sie ihm anbieten, wichtiger ist als das, was er gerade tun wollte – das ist bei den meisten Hunden vergeblich!

Agieren statt reagieren

Sie sollten der agierende Part in der Beziehung sein – und nicht der stetig reagierende.

Doch genau das läuft in vielen Mensch-Hund-Beziehungen falsch: Der Hund tritt als Forderer auf: Der Welpe kratzt an der Terrassentür – der Mensch betätigt sich als Türöffner. Der Welpe schleppt sein Spielzeug an – der Mensch betätigt sich als Wurfmaschine. Der Welpe versucht, auf den Schoß zu krabbeln – der Mensch reagiert mit Streicheln. Der Welpe schiebt seine Futterschüssel durch die Gegend – der Mensch beeilt sich, Futter hineinzugeben.

Natürlich sollten Sie Ihren Welpen nicht immer auflaufen lassen. Die Kunst ist, in Maßen auf seine Aufforderungen auch einzugehen – sich aber niemals durch den Welpen bestimmen zu lassen.

Stattdessen sollte es so laufen: Sie bestimmen, wann ein Spiel anfängt, womit man spielt und wann das Spiel zu Ende ist. So sollten Sie ein Spiel beenden, wenn Sie merken, der Kleine beginnt, die Lust zu verlieren. Sie bestimmen, wann Sie mit ihm schmusen und wie lange Sie mit ihm schmusen wollen.

Sie betreiben Bewegungseinschränkung – und dulden diese nicht durch den Hund!

Häufig sieht der Umgang Mensch-Welpe so aus, dass der Welpe seinem Menschen permanent vor die Füße läuft. Dieser macht dann schnell einen Schritt zur Seite, um ja nicht auf die empfindlichen Pfötchen zu treten. Der Welpe drängelt sich an der Haustür nach vorne, um bloß schnell auf seinen Spaziergang zu kommen. Geht er an der Leine auf der linken Seite seines Menschen, so zeigt er einen deutlichen Rechtsdrall, d.h. er drängt seinen Menschen peu à peu immer weiter nach rechts ab.

Er liegt entspannt in der Türöffnung zur Küche, und die Familie kurvt um ihn herum, weil man den Kleinen ja nicht in seiner Ruhe stören möchte. Will der Besitzer den Welpen auf den Arm nehmen und diesem ist gerade nicht nach Schmusen, fängt er heftig an zu zappeln oder sogar Töne von Unmut auszustoßen. Der Besitzer setzt ihn dann brav schnell hinunter. Will der Besitzer den Welpen festhalten, um ihm die Pfoten sauber zu machen, windet der sich wie ein Aal und wird vom entnervten Besitzer laufen gelassen. All diese Fehler sollten Sie nicht machen!

Stattdessen: Sie nehmen Ihren Welpen immer mal wieder auf den Arm und halten ihn fest. Bevor Sie ihn

hochheben, sprechen Sie ihn an, damit er sich nicht erschreckt. Während Sie ihn auf dem Arm haben, sprechend Sie beruhigend mit ihn. Zappelt er, reden Sie nicht mehr freundlich auf ihn ein, sondern lassen nur ein scharfes »Nein« heraus und halten weiter fest.
Wenn er nicht mehr zappelt, wird er wieder heruntergelassen und Sie tun so, als sei nichts gewesen.
Sie gewöhnen bereits den Welpen daran, dass er die Fellpflege über sich ergehen lassen muss. Sanft, aber bestimmt drehen Sie ihn in alle Positionen, u. a. auch auf den Rücken – die äußerste Demutshaltung, die ein Hund annehmen kann – denn er präsentiert seinem Gegner so seine Kehle. Sie sollten dieses täglich tun, auch wenn Ihr Welpe vielleicht ein absolut pflegeleichtes Fell hat und spätere, tägliche Pflegeaktionen nicht nötig sein werden. Ihr Welpe soll lernen, dass ihm einerseits nichts Böses geschieht, dass er es aber andererseits auch ertragen muss, wenn Sie das so wünschen. Wer einmal versucht hat, einem Welpen eine Zecke herauszudrehen, der sich wütend unter Einsatz all seiner Muskelkraft und Beweglichkeit und auch unter Einsatz seiner Beißer dieser Behandlung zu entziehen versucht, weiß, warum ich diese Übungen des Fixierens des Welpen für absolut notwendig halte.
Bewegungseinschränkung betrifft auch das Passieren von Türen: Sie gehen als erster zur Tür hinaus und wieder hinein. Versucht der Welpe vorzupreschen, schieben Sie ihn mit dem Bein einfach zur Seite/zurück bzw. schließen die Tür vor ihm.
Sie gehen auf Treppen und in schmalen Durchgängen voran. Das Bein, neben dem Ihr Welpe herläuft, wird als Stopper eingesetzt, falls der Welpe versucht, Sie zu überholen.
Läuft er neben Ihnen an der Leine und versucht, Sie zur anderen Seite abzudrängen, gilt das gleiche Prinzip: Sie gehen stur geradeaus, als würden Sie auf einer gedachten geraden Linie laufen (siehe auch im Kapitel 11 zur Grunderziehung). Ja, es kann passieren, dass der Welpe einen Tritt auf seine Pfoten abbekommt – aber er lernt so schnell, dass er aufpassen muss, wo er lang läuft. Ein ranghöheres Mitglied geht nicht permanent aus dem Weg. Außerdem ersparen Sie sich handfeste Stürze, wenn Ihr Hund gelernt hat, Ihnen nicht vor den Füßen herumzulaufen.
Liegt Ihnen der Welpe im Weg, fordern Sie ihn auf, aufzustehen. Tut er das nicht, schieben Sie ihn kommentarlos zur Seite.

Sie bestimmen die Liegeplätze

Es gibt manche Kandidaten von Hunden, die sich bevorzugt an strategisch wichtigen Plätzen im Haus niederlassen: Im Hausflur, von dem aus sie die wichtige Eingangstür im Blick haben. An der Küchenschwelle, wo es zum Platz für die Futtervorräte geht. So mitten im Zimmer plaziert, dass man alle Ein- und Ausgänge im Auge hat. Oben auf dem Treppenabsatz, von wo man eine schöne Übersicht hat etc.

Dem Hund zu gestatten, sich grundsätzlich dort niederzulassen, kann in ihm den Eindruck wecken, dass er eine hohe Position genießt, da er ja die strategisch wichtigsten Stellen besetzt. Stellen Sie an Ihrem Welpen fest, dass er eher der Typ ist, dem man dreimal etwas sagen muss, bis er etwas befolgt, der seine Ohren gerne auf Durchzug stellt und/oder der Ihnen vielleicht sogar schon durch Zähnezeigen signalisiert hat, was er von Ihnen hält, dann sollten Sie ihm diese Positionen entziehen. Das gilt auch für das Liegen auf erhöhten Positionen wie Sofa oder Bett.

Ein generelles Sofaverbot für Hunde ist Unsinn!

Das Liegen auf Türschwellen kann – muss aber nicht – ein Indiz für Kontrollbestrebungen des Welpen sein

Was nun das gemeinsame Liegen auf dem Sofa oder im Bett betrifft, so untergräbt das nicht notwendigerweise Ihre Autorität.
Ich denke eher, dass das gemeinsame Kontaktliegen ein wesentlicher Faktor im Bindungsaufbau ist. Der entscheidende Punkt ist der, ob sich der Hund jederzeit ohne zu murren von diesen Plätzen wegschicken lässt.

Wichtig ist, dass der Hund vermittelt bekommt, dass Sie bestimmen, wer sich wo aufhalten darf. Dazu gehört auch, dass Sie sich einfach mal auf seinen Platz setzen:
Sie schicken Ihren Hund aus seinem Körbchen und setzen sich ganz selbstverständlich hinein, um dort die Zeitung zu lesen! Der Hund lernt, dass für Sie nichts tabu ist.

Wenn Sie merken, dass er sich einen Lieblingsplatz auserkoren hat, zum Beispiel einen Sessel, und Sie ihm den auch gerne lassen möchten: Bestehen Sie trotzdem ab und an darauf, dass Sie sich hineinsetzen wollen – auch wenn Sie das eigentlich gar nicht vorhaben! Sagen Sie zu ihm »Runter«, deuten hinab auf den Boden. Geht er nicht, schnappen Sie ihn und setzen ihn einfach runter.

Wichtige Ressourcen sind in Ihrer Hand – und liegen nicht beim Welpen!

Viele Hunde wachsen in dem Glauben auf, dass ihnen alles, was einem Hund so wichtig sein kann, nahezu permanent zur Verfügung steht: In der Küche steht stets ein Schüsselchen mit Futter bereit – oder man bekommt eines hingestellt, wenn man anzeigt, dass man jetzt zu fressen gedenkt. Der Spielzeugkorb quillt über mit Spielzeugen, an denen man sich nach Lust und Laune bedienen darf. Man darf sich überall hinlegen – je nach dem, wie man gerade Lust hat. Besetzt man den bequemen Sessel, setzt sich Frauchen eben in den anderen. Und die Bezugspersonen stehen stets bereit zum schmusen, wenn Hundchen danach ist. Stattdessen sollten Sie die Ressourcen zuteilen.

Kommen wir jetzt noch zur Fütterung:
Nehmen Sie schon dem Welpen ab und an die Futterschüssel weg, wenn er frisst und legen ihm neues Futter hinein. Toleriert er das, wird er gelobt und bekommt sein Futter wieder. Knurrt er oder schnappt er gar nach Ihnen, packen Sie ihn im Nackenfell, drücken ihn zu Boden und sagen »Nein«. Hat er sich beruhigt, stellen Sie ihm das Futter wieder hin. Knurrt er wieder, geht das Ganze von vorne los, solange, bis er sich das Futter anstandslos wegnehmen lässt. Das sollten Sie natürlich nicht bei jeder Fütterung machen, sonst wird der Kleine neurotisch und Sie trainieren ihm so erst Futteraggression an. Der Clou liegt daran, dass der Welpe lernt, dass er noch zusätzliches Futter bekommt, wenn Sie ihm die Schüssel wegnehmen.

Hier sagt der Althund dem Welpen, dass er seinen Ochsenziemer keinesfalls teilen will!

Kind und Welpe sollten in der Fütterungssituation nicht unbeaufsichtigt gelassen werden

Nun gibt es Welpen, denen ihre normale Mahlzeit nicht wirklich wichtig ist, so dass sie diese auch nicht verteidigen. Ganz anders kann es dann aussehen, wenn sie einen Ochsenziemer bekommen. Daher sollten Sie auch bei vom Welpen heiß begehrten Leckereien testen, ob der Welpe sich diese abnehmen lässt. Danach geben Sie ihm den Ochsenziemer wieder.

Sie sind der Gewinner

Oft sehen Spiele mit Hund so aus, dass an etwas gezergelt wird, bis der Hund den Fetzten erobert hat – und sich dann damit in sein Körbchen verzieht – er hat die Beute gemacht. Oder es wird Bällchenwerfen gespielt, bis der Hund sich sagt: Keine Lust mehr, jetzt wird der Ball gebunkert, und so wird das Bällchen weggetragen. In beiden Fällen hört der Mensch mit dem Spielen auf, weil er meint, dass sein Hund jetzt ja befriedigt sei. Erstens widerspricht dieses der Regel: Der Mensch agiert – der Hund muss reagieren. Zweitens überlassen Sie dem Hund letztlich die Beute, d.h. er hat gewonnen.

Stattdessen: Wenn Sie beim Spielen zum Beispiel an einem Fetzen herumreißen, darf der Kleine auch mal gewinnen, also mit dem Fetzen vondannen traben. Für den Aufbau des Selbstbewusstseins beim Welpen ist es wichtig, dass er auch mal gewinnen darf! Am Schluss sollten Sie jedoch derjenige sein, der das Zerrspiel gewinnt.

Der Welpe soll den Menschen begrüßen – nicht umgekehrt

Ich staune immer wieder darüber, wie viele Hundehalter mir erzählen, dass sie morgens zum Körbchen ihres Hundes gehen, um ihn zu begrüßen – der bleibt nämlich stumpf drin liegen, während die Familie sich fertig-

Spielerisches Auf-den-Rücken-Drehen als Teil gemeinsamen Schmusens

macht. Oder die Hundehalter kommen nach Hause und stürzen zu ihrem sich irgendwo in der Wohnung befindlichen Hund, um ihn so recht zu herzen – man war ja so lange weg. So verhält sich kein Rudelchef: der nimmt die Begrüßungen seiner Rudelmitglieder hoheitsvoll entgegen, und alle Rudelmitglieder haben es eilig, dem Chef so schnell wie möglich die Aufwartung zu machen. Wenn Sie Ihrem Hund, der es nicht für nötig befindet, Sie zu begrüßen, zeigen, dass Sie sich selber freuen wie ein Schneekönig, kann Sie das in seiner Achtung herabsetzen.

Auch wenn es schwer fällt: Versuchen Sie, selbst keine allzu überschwängliche Begrüßungszeremonie einzuleiten, wenn Sie nach Hause zu Ihrem Hund kommen. Und keine morgendlichen Umarmungszeremonien im Körbchen. Ignorieren Sie Ihren Welpen, wenn der meint, Sie ignorieren zu können.

Einmal gegebene Befehle müssen durchgesetzt werden

Um Ihre Position als Rangoberster klarzustellen, sollten Sie darauf bestehen, dass Ihr Hund einen einmal erteilten Befehl auch ausführt. Wenn Ihr Hund begriffen hat, was Sie mit einem bestimmten Hör- oder Sichtzeichen von ihm wollen, muss er dieses auch ausführen. Tobt er zum Beispiel beim Spaziergang herum und kommt nicht, wenn Sie ihn rufen, so dürfen Sie nicht darauf verzichten, dass er kommt. Wenn Sie voraussehen, dass er nicht kommen wird, Sie aber dringend gehen müssen, holen Sie ihn kommentarlos ab und verzichten auf das vorherige Rufen. Um in eine solch vertrackte Situation möglichst erst gar nicht zu gelangen, sollten Sie, gerade beim jungen Hund, Befehle erst gar nicht erteilen, wenn Sie es selbst für höchst unwahrscheinlich halten, dass Ihr Hund folgt. Das gilt für Situationen wie zum Beispiel jene, wenn der Hund gerade äußerst angespannt einer interessanten Fährte folgt oder sich mit einem Artgenossen balgt. Natürlich muss der ausgewachsene Hund auch in solchen Situationen hören, doch sollte man seine Erziehungsversuche nicht gerade in den aussichtslosesten Momenten probieren. Die Kunst eines wirklich guten Hundeerziehers besteht im vorausschauenden Denken: Dazu gehört, einen Befehl früh genug zu erteilen, also in einer Phase, in der berechtigte Chancen bestehen, dass der Welpe nicht so abgelenkt und/oder zu weit weg ist. Und es gehört dazu, auf die Erteilung eines Befehls zu verzichten, wenn man sieht, dass man bei eventuellem Nichtbefolgen keine Chance hat, den Welpen zeitnah dazu zu bringen, das zu tun, was man möchte.

Einem Welpen, der in zehn Meter Entfernung gerade genüsslich in einen Pferdeapfel beißt, ein »Pfui« zuzubrüllen, ist dann Unsinn, wenn man weiß, dass der Welpe verfressen bis zum Abwinken ist, und man schon die Erfahrung gemacht hat, dass er auch reinbeißt, wenn man direkt neben ihm steht und ein »Pfui« ertönen lässt. Sie machen sich lächerlich, wenn Sie Ihren Welpen Runde um Runde durch den Garten jagen, weil Sie ihn hineingerufen haben, er aber das abendliche Pillern im Garten noch zu einer Spieleinlage nutzen will. Genau so lächerlich machen Sie sich, wenn Sie hinter Ihrem Welpen herhetzen, permanent »Aus« brüllen, während der mit Ihren Schuhen durch das Haus tobt und sich königlich darüber amüsiert, dass Sie auf sein »Fang mich Spiel« eingehen. Problemlösung in diesen beiden Fällen wäre:

Fall 1: Sie drehen sich kommentarlos um, verschließen die Terrassentür, löschen das Licht. Dann wird er schnell kommen – und Sie merken sich für den nächsten Gartengang: nicht ohne Schleppleine am Welpen.

Fall 2: Sie könnten zum Beispiel an Ihrer eigenen Haustür läuten, was die meisten Hunde zum sofortigen Antraben veranlasst und Ihrem Hund, wenn der dann angerannt kommt, ein Tauschobjekt gegen den Puschen anbieten.

Wenn der Welpe aggressiv wird ...

Aggressionsverhalten im Sinne von Anknurren und/oder Zähnefletschen und/oder Drohschnappen und/oder kurzes Zuschnappen und/oder regelrechtes Zubeißen dürfen Sie nicht durchgehen lassen.

Aber Sie müssen vorsichtig sein: Sie müssen unterscheiden können, ob Ihr Welpe aus Angst mit Zähnefletschen reagiert oder weil er Sie herausfordern will. Sind Sie sich nicht hundertprozentig sicher, sollten Sie auf eine körperliche Reglementierung verzichten und versuchen, die Situation anders aufzulösen. Hat er vielleicht reflexartig nach hinten geschnappt, weil Sie ihm beim Pfotenabtrocknen unglücklicherweise das Knie verdreht haben? Dann sollten Sie tun, als würden Sie sein Drohen gar nicht wahrnehmen. Beenden Sie die Trocknungsübung für den Moment und wiederholen Sie das Gleiche zu einem späteren Zeitpunkt. Nur jetzt mit aufmerksam geschulten Sinnen, um zu erkennen, ob Ihr Welpe Angst hat, oder ob er sich einfach dagegen wappnet, etwas erdulden zu müssen, was ihm nicht passt.

Um zu entscheiden, ob es sich um eine angstbedingte Aggression oder um ein Antesten handelt, müssen Sie sich mit der Körpersprache Ihres Hundes auseinandersetzen (siehe im Kapitel 5 zum Bindungsaufbau). Ein angstaggressiver Hund hat zum Beispiel in der Regel die Ohren zurückgelegt, zieht den Schwanz unter den Bauch, macht sich eher klein, zeigt einen gebuckelten Rücken, die Augen wirken panisch. Ein aggressiver Hund, der mit Ihnen ausdiskutieren will, wer hier die Entscheidung darüber trifft, dass er z.B. angefasst wird, macht sich groß, legt die Ohren nach vorne, hebt den Schwanz an, fixiert Sie mit seinen Blicken.

Wichtig ist ferner, dass Sie blitzschnell und entschlossen reagieren. Haben Sie Angst und denken Sie erst noch zwei Sekunden nach, können Sie es gleich ganz bleiben lassen.

Von Welpe zu Welpe unterschiedlich müssen die Reaktionen ausfallen, wenn man sich sicher ist, dass der Kleine schlicht und einfach mittels aggressiven Verhaltens seinen Willen durchsetzen will. Bei manchen reicht ein strenges, tief gesprochenes »Nein«, während man mit den eigenen Aktivitäten ungerührt fortfährt. Andere stört dies nicht, sie lassen sich aber durch einen kurzen Griff über die Schnauze hinreichend beeindrucken. Aber es gibt viele Welpen, die das auch nicht juckt. Die kommen erst zur Besinnung, wenn man blitzschnell ins lockere Nackenfell packt und sie kurz zu Boden drückt, selbstverständlich von einem tiefen »Nein« begleitet. Und dann gibt es da immer noch die Gesellen, die auch diesen Griff nicht hinnehmen wollen, wütend versuchen, nach der Hand zu beißen, die sie hält und die strampeln wie die Weltmeister: In diesem Fall dreht man die Welpen zunächst auf die Seite und wartet ab, ob sie sich beruhigen. Ist das Gegenteil der Fall, ja, steigern sie sich gar in ihren aggressiven Attacken, dann dreht man den Welpen gänzlich auf den Rücken und hält ihn mit beiden Händen unten, während man das »Nein« wiederholt und dem Welpen dabei starr in die Augen blickt. Wichtig ist bei dieser Aktion, dass man dabei völlig ruhig und gelassen bleibt. Wichtig ist der richtige Zeitpunkt, wann man loslässt: Erst dann, wenn sämtliche der nun folgenden Punkte zutreffen: Sie spüren keine Körperspannung des Welpen mehr, er wendet deutlich den Kopf ab und schreit nicht mehr herum. Dann lassen Sie ihn einfach kommentarlos los. Üblich nach einer solchen Aktion sind meist zwei Reaktionen der Hunde: Sie verziehen sich in die Schmollecke, dann lassen Sie ihn da in Ruhe. Oder sie beginnen zu pföteln und/oder wollen Ihnen zur Beschwichtigung die Mundwinkel lecken. Lassen Sie dies geschehen. Wichtig ist, dass Sie sich sofort wieder ganz neutral verhalten. Sucht der Hund sofort Kontakt, gewähren Sie ihm diesen freundlich, aber nicht überschwänglich.

Ich weiß, dass eine Menge Kollegen jetzt aufschreien: Wie kann man nur so »brutal« mit einem Welpen umgehen. Und ich halte dem entgegen, dass diese Maßnahme – sinnvoll und richtig angewendet – nur zum Wohle des Hundes ist. Er hat auf sein Antesten eine klare Antwort bekommen und wird in den meisten Fällen keine Wiederholung einfordern. Ich erlebe es in meiner Welpenspielstunde immer wieder, dass Welpen ihre Besitzer beißen, wenn diese irgendetwas von ihnen verlangen, was den Welpen mal gerade nicht in den Kram passt. Und ich erlebe, wie Welpen versuchen, die Trainer zu beißen, wenn die sie zum Beispiel aus einer Rauferei herausheben wollen. In einer solchen Situation einmal blitzschnell reglementiert, und der Welpe und der Trainer sind auch in der Nachfolgezeit die besten Freunde. Manchmal habe ich das Gefühl, als wenn so ein kleiner Welpe dann signalisiert: »Endlich sagt mir mal einer, wo es langgeht.« Ich habe noch bei keinem Welpen als Folge einer solch notwendig gewordenen Reglementierung einen Vertrauensverlust zu mir festgestellt. Genau das Gegenteil ist der Fall: Die Welpen schließen sich umso enger an. Warum? Weil ihnen diese Form körperlicher Reglementierung bei Grenzüberschreitung alles andere als fremd ist und weil der Gegenpol zu dieser einmaligen Reglementierung eine Person ist, die sich ansonsten einfach absolut freundlich, vorhersagbar verhält, mit der man eine Menge Spaß hat und mit der man sich ganz toll fühlt, weil man mit ihr kleine Aufgaben bewältigen kann.

Ich muss jedoch dringend von dem Vorschlag abraten, den man heute noch in der Literatur findet, der Welpe sollte jeden Tag einmal prophylaktisch auf den Rücken geworfen werden, um damit die Rangordnung zu festigen. So etwas festigt nicht die Rangordnung, sondern untergräbt Vertrauen, denn der Welpe kann gar nicht verstehen, warum ihn diese Form der Maßregelung trifft. Entweder entwickeln sich solche Hunde zu bindungsarmen, verschüchterten, unsicheren Hunden, oder zu Hunden, die zunehmend gestählt aus diesen Auseinandersetzungen hervorgehen und irgendwann

– wenn sie genügend Selbstvertrauen und Kraft gesammelt haben – den Spieß umdrehen.

Den Hund so zu reglementieren, darf nur eine Ausnahmesituation sein, wenn der Hund sich offensiv aggressiv gegen seine Besitzer verhält und niedrig schwellige Maßnahmen wie verbales Verbot, körpersprachliches Drohen und Schnauzengriff nicht gefruchtet haben.

Vor allem: Derartige Auseinandersetzungen können Sie sich meist allein dadurch ersparen, dass Sie sich im Alltag konsequent als überlegener Rudelführer verhalten, so dass Ihr Hund erst gar keine Veranlassung hat, Sie in Frage stellen zu müssen. Wenn Ihr Hund meint, Sie mittels aggressivem Verhalten davon abbringen zu können, dass Sie ihn an etwas hindern, was er nicht machen soll, dann haben Sie im Vorfeld Fehler gemacht!

Allerdings muss man fairerweise sagen, dass sich Hunde verschiedener Rassen hinsichtlich ihrer Durchsetzungsbestrebungen ihrem Halter gegenüber deutlich unterscheiden: Hunde der sogenannten Gebrauchshunderassen (Rottweiler, Riesenschnauzer, Deutscher Schäferhund, etc.), Herdenschutzhunde (zum Beispiel Kangal), aber auch die diversen Terrierrassen und Dackel neigen eher dazu, in ihrer Familie die Machtfrage zu stellen. Bei Retrievern und vielen anderen Jagdhunden ist das seltener der Fall.

Egal ob rassespezifisch bedingt oder nicht: Die offensive Aggression des Hundes Ihnen gegenüber, selbst nur leises Knurren, muss sofort unterbunden werden. Am Anfang sind Sie dem Welpen klar körperlich überlegen, aber das ändert sich bei größeren Rassen recht schnell. Spätestens im Alter von anderthalb Jahren werden Sie die Quittung bekommen: Ihr Hund muss sich, aus seiner Sicht völlig konsequent, zum Rudelführer aufschwingen und dann haben Sie (besonders bei größeren Hunden) nichts mehr zu melden. Mit dem gemeinsamen Leben ist es dann vorbei, schlimmstenfalls muss der Hund eingeschläfert werden. Lassen Sie es nicht so weit kommen!

Dass Hunde ihre Menschen nicht als Personen anerkennen, die ihnen etwas zu sagen haben, ist viel häufiger als man denkt. Vielfach leben die Menschen wunderbar mit einem netten, lieben Hund zusammen, doch wenn sie ihm dann etwas abverlangen, was er nicht möchte, bedroht dieser Hund plötzlich seine Menschen. Die Besitzer sind von diesem scheinbar plötzlichen Verhalten total überrascht und reagieren mit Rückzug. Schon hat der Hund gewonnen: Sie haben sich als Rudelführer diskreditiert, Sie haben Schwäche gezeigt und er wird versuchen, seine Grenzen weiter auszudehnen.
Hunde testen an, wie weit sie denn gehen können. Das ist ganz normal. Da wird dann zum Beispiel gebrummt, wenn sie neben dem Besitzer auf dem Sofa liegen und dieser die Beine ausstreckt: Bereits hier dürfen Sie das nicht durchgehen lassen, sondern müssen entschieden eingreifen.

7 Hund und Kind

Kinder sind für Hunde keine Rudelchefs!

Hier lernen sich zwei »Babies« kennen.

Die Familie ist das Rudel für Ihren Hund. Im Rudel haben alle Mitglieder bestimmte Rangpositionen, und der Hund darf natürlich nicht oben stehen. Zu bedenken ist jedoch, dass der Hund kleine Kinder eher als Welpen ansieht und sie dementsprechend behandelt.

Das bedeutet einerseits, dass die Kinder den im Rudel gegenüber eigenen Welpen bestehenden »Welpenschutz« genießen. Doch Vorsicht: Auch dieser Welpenschutz bedeutet keine totale Narrenfreiheit. Welpen werden durchaus durch ein Anknurren oder Zwicken zurechtgewiesen. Im hundlichen Miteinander entstehen dabei keine ernsten Verletzungen. Doch ein Kind (dem ja die Fellschicht fehlt) kann dabei schmerzhaft gezwickt oder bös erschreckt werden. Andererseits bedeutet es auch, dass der Hund kleine Kinder nicht als Personen respektiert, die ihm etwas zu sagen haben.

Über das Zusammenleben von Kindern und Hunden gäbe es eine Menge zu sagen, doch das würde den Rahmen dieses Buches sprengen. Es sei auf den Ratgeber von Rosemarie Wild verwiesen: Hund und Kind.

An dieser Stelle seien nur einige Anmerkungen gemacht: Bitte erwarten Sie nicht von Ihrem Hund, dass er sich von Ihren Kindern herumkommandieren, von seinem Schlafplatz vertreiben und sein Futter wegnehmen lässt. Es gibt zwar viele Hunde, die damit keinerlei Problem haben. Hunde jedoch, die noch ein sehr feines Gespür für Rangordnungsverhältnisse in sich tragen, empfinden es häufig als Affront, wenn sie es dulden sollen, dass ihnen ein Welpe (kleines Kind) Futter wegnimmt. Solche Hunde könnten diese unangemessene Frechheit des »Welpen« bestrafen. Vermeiden Sie also besser solche Situationen.

Der unterste Rangplatz unter den **Erwachsenen** bedeutet nicht, dass jeder mit dem Hund anstellen kann, was er gerne mag. Die Bedürfnisse des Mitlebewesens Hund sind immer im Auge zu behalten.

Viele Hunde neigen eher dazu, sich von ihren Kindern (nicht unbedingt von fremden Kindern) viel zu viel gefallen zu lassen.

Wer muss vor wem beschützt werden?

In der Regel sind es nicht die Kinder, die vor dem Welpen beschützt werden müssen, sondern der Welpe vor den Kindern. Kinder sehen in ihm nur allzu leicht den jederzeit verfügbaren, beweglichen Teddybären, der als »belebtes« Spielzeug anderen Spielzeugen überlegen ist. Sie jagen ihn, zerren am Schwanz, herzen ihn bis zum Erdrücken. Ein Welpe, der ständig von den Kindern der Familie gepiesackt oder auch nur zu überschwänglich »geliebt« wird, kann sich nicht zu einem Kinderfreund entwickeln.

Sie müssen daher ständig auf Ihre Kinder entsprechend einwirken, ihnen erklären, wann und warum der Welpe Ruhe braucht, dass er seine eigenen Bedürfnisse als Lebewesen hat und wie man schön mit ihm spielen kann. Erklären Sie Ihren Kindern, dass das neue Familienmitglied selbst noch ein Kind ist, das nicht angeschrien, hin- und hergeschleppt, in Puppenkleidung gesteckt werden will etc.

Natürlich sollen Kind und Hund miteinander spielen, was beiden sehr viel Spaß bereiten kann. Aber vertrauen Sie nicht darauf, dass Ihr Kind sich richtig verhält. Hund und Kind sollen neben- und miteinander leben. Der Hund ist kein Objekt, das dem Kind nach dessen Belieben zur Verfügung gestellt wird.

Sorgen Sie dafür, dass der Hund bei Ihnen wenigstens einen Platz hat, an dem er vor den Kindern sicher ist. Lassen Sie bitte vor allem jüngere Kinder nicht ohne Aufsicht mit dem Hund spielen, um eventuell entstehende Missverständnisse zwischen beiden ausräumen zu können. Generell sollten Hunde und Kinder nicht unbeaufsichtigt gelassen werden. Kinder unter 12 Jahren sind nicht geeignet, allein mit dem Hund einen Spaziergang zu machen egal, ob es nur ein Fünfminuten-Gassigang einmal um den Block ist und/oder der Hund »nur« ein Kleinsthund ist.

Schwierigkeiten, die von den Kindern ausgehen, bestehen meist darin, dass Kinder den Welpen als lebendes Plüschtier behandeln wollen, indem sie ihn in seiner

Welpe und Kind bei der gemeinsamen Beschäftigung

Damit Kind und Hund sich so verstehen, müssen die Eltern einiges beachten

Ruhe stören, den Welpen auch gerne mal piesacken (bewusst oder unbewusst). Oder sie probieren, was der Welpe macht, wenn man ihm die Finger in die Nase bohrt.

Die Probleme, die vom Hund ausgehen, liegen meiner Erfahrung nach vor allem in vier Dingen:

Erstens: Er beißt beim Spielen zu fest in die Hände der Kinder, weil er die Beißhemmung noch nicht erlernt hat.

Zweitens: Er will die wild herumlaufenden Kinder jagen oder hüten, zwickt ihnen in die Beine, hält sie am Ärmel fest.

Drittens: Er springt die Kinder an.

Viertens: Er klaut das Spielzeug der Kinder oder Ihre Brote.

Ihre Kinder können den Hund nicht reglementieren, sie können sich lediglich an folgende Regeln halten: Sofort einen Schmerzensschrei auszustoßen und das Spiel zu beenden, wenn der Hund zu fest gebissen hat. Sofort stehenzubleiben, sich ruhig zu verhalten, keine Arme hochzureißen, wenn der Welpe versucht hat, die Kinder zu fangen. Sich sofort umzudrehen, wenn der Welpe springt und erst Kontakt aufzunehmen, wenn er wieder auf allen vier Pfoten steht.

Nicht zu versuchen, dem Welpen geklautes Spielzeug wieder abzunehmen.

Wie Sie konkret das Anspringen abtrainieren, die Beißhemmung und den Aus-Befehl trainieren, finden Sie in Kapitel 12.

Nochmals: Kinder unter 12 Jahren werden vom Hund nicht als reglementierende Gebote und Verbote aussprechende Rudelmitglieder anerkannt. Also muss man ihnen nicht gehorchen.

Die Regelung der typischen Konfliktsituationen liegt auf Seiten der Eltern!

8 Der Welpe als Zweithund

Es scheint einen Trend hin zur Mehrhundehaltung zu geben. Und ähnlich wie zum Thema Hund und Kind könnte man ebenso zum Thema Mehrhundehaltung ein ganzes Buch schreiben, doch auch das würde hier den Rahmen sprengen. Es gibt ein wunderschönes Buch zu diesem Thema von Petra Führmann und Iris Franzke: Zwei Hunde – doppelte Freude.
An dieser Stelle seien daher nur einige kurze Anmerkungen gemacht:

Begeisterung pur?

Sie sollten besser nicht erwarten, dass sich der bereits bei Ihnen lebende Hund (im Folgenden als Althund oder Ersthund bezeichnet) sofort darüber freut, nun noch einen Artgenossen im Haus zu haben. Ich erlebe es immer wieder, wie enttäuscht Hundehalter darüber sind, dass der ältere Hund nicht mit dem Welpen spielen will, sich von ihm absondert.
Regelrecht schockierte Reaktionen seitens der Hundehalter treten dann auf, wenn der ältere Hund nicht nur nicht spielen will, sondern den Welpen aggressiv attackiert, deutlich signalisiert: Den will ich hier nicht haben. Fakt ist, dass die Reaktion Ihres Hundes auf den Welpen schwer vorhersehbar ist.
Wenn Sie einen Hund haben, der noch sehr verspielt ist, sich draußen über Kontakte zu Artgenossen riesig freut, stehen zwar die Chancen besser, dass er auch den Welpen toll finden wird – aber eine Garantie haben Sie nicht. Umgekehrt stehen die Chancen auf eine begeisterte Aufnahme des Welpen durch einen Hund, der sich im Alltag als Einzelgänger herausgestellt hat, den Kontakte zu Artgenossen nur stressen, geringer. Aber man kann auch nicht pauschal sagen, dass es ein aussichtloses Unterfangen wäre, diesen Hund mit einem Welpen zusammenzuführen.
Wenn Sie einen Senior im Haus haben, sollten Sie die Anschaffung eines Welpen besonders gut überlegen: Viele alte Hunde wollen einfach nur noch ihre Ruhe, und sie wollen nach zehn, zwölf Jahren, oder einer noch längeren Dauer des alleinigen Zusammenlebens mit ihrem Menschen, keinen Nebenbuhler im Haus haben. Doch genauso gibt es da auch die Senioren, die nochmals aufblühen durch das Zusammenleben mit einem lebenslustigen Welpen.Sie ersparen sich selbst Enttäuschungen und Ihrem Althund unnötigen Erwartungsdruck, wenn Sie sich erstmal als Ziel setzten, dass die beiden Hunden friedlich nebeneinanderher leben. Stellt sich dann heraus, dass die beiden zu den allerbesten Kumpels werden, können Sie sich darüber einfach zusätzlich freuen, aber setzten Sie das nicht als gegeben voraus.

Eifersucht

Häufig resultieren Probleme daraus, dass der Althund sich zurückgesetzt fühlt, weil man so viel mit dem Welpen beschäftigt ist. Da der Welpe öfter gefüttert werden muss, öfter Gassi geführt werden muss und so häufig irgendeinen Mist baut, das man einschreiten muss, ist man – selbst bei allerbesten Vorsätzen – notwendigerweise mehr mit dem Welpen beschäftigt als mit dem Althund. Hat man vorher eine sehr enge, symbiotische Beziehung zum Ersthund gelebt, kann der Einzug des Welpen für den Althund der totale Schock sein. Er wird den Welpen nur als Nebenbuhler sehen und ihn zu vertreiben gedenken.

Wichtig ist daher, dass sich alte Routinen und Rituale für den Althund nicht ändern. Wichtig ist zudem, dass der Althund zumindest bis zum Eintritt der Geschlechtsreife des Neulings immer deutlich bevorzugt behandelt wird: Er wird als erster begrüßt, wenn man nach Hause kommt. Er bekommt als erster sein Futter, mit ihm wird die Spielrunde begonnen. Er darf auf seinen angestammten Liegeplätzen liegen. Er darf bei Ihnen kuscheln und der Welpe muss auch mal auf Abstand bleiben. Signalisieren Sie Ihrem Althund, dass er an erster Stelle steht. So reduzieren Sie die Gefahr von Eifersuchtsproblematiken.

Langfristig gesehen jedoch entscheiden nicht Sie, wer von den beiden (oder dem Gesamtrudel, wenn es mehr als zwei sind), die Chefrolle unter den Hunden einnimmt. Nicht das Lebensalter ist der einzig Ausschlag gebende Faktor, sondern die gesamte mentale, psychische und körperliche Verfasstheit der beteiligten Hunde. Und wenn der Welpe geschlechtsreif geworden ist, kann es sein, dass er in der Beziehung eher den Part spielen wird, dem Führungsansprüche zukommen. Dann muss man als Halter, auch wenn es schwer fällt, den Nachzügler künftig als Chef behandeln und entsprechend bevorzugen.

Reglementierung oder Schikane?

Aber noch ist es ja nicht so weit. Noch ist der Welpe der Neuankömmling, der sich dem Ersthund unterzuordnen hat. Doch auch hier braucht es ein feines Gespür seitens des Menschen:

Wo hört die angemessene Reglementierung durch ein ranghöheres Rudelmitglied auf, und wo beginnt die pure Schikane? Denn in letztem Fall ist es Ihr Job als oberster Rudelchef, dafür zu sorgen, dass keine Familienmitglieder unfair behandelt, schikaniert, gemobbt oder getriezt werden. Dann müssen Sie den Ersthund reglementieren, ihm klare Grenzen aufzeigen. Allerdings sehen viele Hundehalter im kleinen Welpen häufig auch dann das wehrlose Opfer, wenn der es faustdick hinter den Ohren hat und die Zurechtweisung seitens des Ersthundes nur allzu berechtigt gewesen ist.

Ich sehe häufig ein umgekehrtes Problem: Welpen wachsen bei zu duldsamen Althunden auf und meinen, dass man sich grundsätzlich in der Hundewelt so unverschämt benehmen kann. Diese Welpen fallen in

»Arm-in-Arm-schlafen« – so sieht es durchaus nicht in allen Mehrhundehaushalten aus!

der Welpenspielstunde dadurch auf, dass sie in ihrem Spielverhalten sehr grob einsteigen.
Fragt man dann nach den häuslichen Umständen, so erfährt man, dass es zu Hause noch einen Althund gibt, der sich einfach alles gefallen lässt. Zum Schutze des Althundes, aber auch, um ungünstige Verhaltensentwicklungen des Welpen zu verhindern, kann es nötig sein, dass nicht der Welpe vor dem Ersthund, sondern der Ersthund vor dem Welpen geschützt werden muss. Es gilt, das richtige Maß zu finden zwischen Eingreifen und Kontrollieren und die Hunde ihren eigenen Weg finden lassen.
Bitte denken Sie daran, dass es für die seelische Gesundheit von Hunden wichtig ist, dass sie Ruhephasen am Tag haben, in denen sie ungestört sind. Damit ist gemeint: ungestört von Ihnen, Ihren Kindern, aber auch von anderen Hunden des Haushalts!

Zusammenführung der Hunde

Optimal wäre es, wenn Sie Ihren Ersthund auf die Fahrt zum Abholen des Welpen mitnähmen. Die beiden sollten sich dann auf neutralem Boden zum ersten Mal beschnuppern dürfen. Wenn Sie unsicher hinsichtlich der Reaktion Ihres Hundes sind, dürfen Sie den Welpen ruhig zunächst auf dem Arm haben, den Ersthund an der Leine. Man merkt sehr schnell, ob der Althund freundlich interessiert, gelangweilt, desinteressiert, unangenehm berührt oder gar aggressiv gestimmt ist. Entsprechend lockern Sie Ihre Vorsichtsmaßnahmen oder passen gut auf.

Während ich dieses Buch schreibe, ist ja ein Welpe – Lilleby – in den Haushalt zu zwei erwachsenen Hündinnen im Alter von neun und knapp fünf Jahren eingezogen. Die ersten Wochen waren Stress pur: Die älteste Hündin hat mittels Zähnefletschen nahezu ständig signalisiert: »Näher als zwei Meter darfst du nicht an mich herankommen«. Hat Lilleby das respektiert, hat die Alte sie komplett ignoriert. Die jüngere Hündin war deutlich hin und her gerissen: Auf der einen Seite total neugierig, wollte immer hin, andererseits aber auch völlig verunsichert, wenn Lilleby dann begeistert auf den Kontaktversuch eingegangen ist. Aus Verunsicherung wurde dann eine Scheinattacke auf den Welpen gefahren, um sofort wieder Abbitte zu leisten. Die alte Hündin hat sich dabei komplett rausgehalten. Nach einem Monat zeigte die jüngere Hündin plötzlich auch nur noch Desinteresse an Lilleby, kam die zu nah, wurde sie weggefletscht. Aber Lilleby war diesbezüglich ein hartnäckiger Welpe: Unermüdlich hat sie mit ihrem Charme versucht, die beiden älteren Hündinnen doch noch auf ihre Seite zu ziehen, rannte immer wieder hin, umtanzte die, so dass mir mehr als einmal das Herz in die Hose rutschte. Und nach zwei Monaten war es dann soweit: Die jüngere Hündin ließ sich zum Spielen herab, es begann eine Zeit mehrfach täglichen Spielens, Kontaktliegen wurde nun gestattet. Und nach einem weiteren Monat gab auch die ältere Hündin ihr häufiges Warnverhalten auf. Sie spielt zwar nicht mit Lilleby, aber sie akzeptiert sie als Rudelmitglied, und mittlerweile darf Lilleby sogar eng neben ihr liegen.
Und was war meine Rolle? Erstens habe ich lieber mit dem Schlimmsten gerechnet als mich auf ein Trio sich blendend verstehender Briardhündinnen einzustellen. So konnte ich positiv überrascht werden. Zweitens war bei der Auswahl des Welpen ein wesentliches Kriterium, wie ich (und die Züchterin) die verschiedenen Welpen im Wegstecken solch stressiger Erfahrungen wie zum Beispiel Ablehnung seitens der Althunde einschätzten. Drittens habe ich versucht, den Alltag der zwei Althunde möglichst wenig zu verändern und immer deutlich gemacht, dass die beiden die Chefs sind. Viertens bin ich eingeschritten, wenn Lilleby die Alten zu sehr genervt hat. Und fünftens bin ich genauso eingeschritten, wenn ich fand, dass die Alten es mit ihrer Reglementierung zu weit trieben.
Heute haben die drei recht unterschiedliche Beziehungen zu einander.

Der Welpe muss unbedingt auch ohne seine großen Kumpels die Welt erkunden gehen

Es ist absolut klar, wer was wann mit wem macht, und was nicht. Es herrscht eine große Harmonie. Aber der Weg dahin war nicht immer einfach. Daher kann ich Sie nur davor warnen, zu erwarten, dass Ihr Ersthund Ihnen vor Begeisterung über den Welpen die Füße küsst, und der Welpe den Ersthund sofort als Ersatzmama/-papa adoptiert, und alles Friede, Freude, Eierkuchen ist. So kann es zwar schnell kommen, doch da gibt es auch ganz andere Geschichten! Aber ich hoffe, dass Sie bei Befolgen dieser kurz gefassten Ratschläge nach einigen Wochen oder Monaten sagen können: Ja, es war nicht nur für mich, sondern auch für meinen Ersthund die richtige Entscheidung, diesen Welpen in unserer Familie aufzunehmen.

Getrenntes Spazierengehen

Die Problematik »Zweithund« betrifft aber nicht nur die Frage des friedlichen Zusammenlebens der Hunde, sondern noch einen weiteren Aspekt: Der Welpe muss unbedingt die wichtigen Erfahrungen seines Lebens ohne Begleitung durch den Althund machen!

Zu viele Hundebesitzer machen den Fehler, stets mit Ersthund und Welpen alles gemeinsam zu unternehmen. Dabei verkennen Sie die u. U. riesige Rolle, die der Althund als Rückhalt für den Welpen spielt.
Man meint, es ist alles in bester Ordnung, weil der Welpe in der Umwelt einen recht sicheren Eindruck

macht. Doch wehe, der Welpe ist in der identischen Umwelt dann mal ohne den Althund unterwegs; plötzlich haben Sie nur noch einen Jammerlappen an der Leine. Das muss nicht so sein, kann aber so kommen, wenn Ihr Welpe sich neuen Umwelterfahrungen nie allein stellen muss.

Daher ist es absolut notwendig, viel mit beiden Hunden getrennt zu unternehmen. Der Althund wird es Ihnen danken, dass er Sie nicht nur im Doppelpack mit dem Welpen genießen kann, sondern dass Sie zwei auch weiterhin allein losziehen.
Und der Welpe muss lernen, in der Welt allein seinen Mann zu stehen. Insbesondere auch, was den Kontakt zu anderen Hunden betrifft, ist es wichtig, dass der Welpe diese Kontakte auch allein bewältigt. Nicht selten kommt es vor, dass der Althund stets reglementierend eingreift, andere Hunde nicht zu »seinem« Welpen lässt oder für den Welpen in die Bresche springt, wenn der sich falsch verhalten hat und nun Prügel einsteckt.

Nicht nur im Hinblick auf nötige Umwelterfahrungen müssen Sie mit Ihrem Welpen allein losziehen, auch das Training der Gehorsamsbefehle ist wesentlich einfacher zu bewerkstelligen, wenn man nur einen statt zwei oder noch mehr Hunde an der Leine hat.

Vielen Hundebesitzern schwebt vor, dass der Kleine eine Menge vom Großen lerne, dass man sich erzieherisch nicht mehr so ins Zeug legen müsse. Nun, dass stimmt in Maßen: Die Kleinen lernen am Modell. Aber das bedeutet, dass sie sich nicht nur erwünschte, sondern auch unerwünschte Verhaltensweisen der Althunde abgucken.
Haben Sie mit Ihrem Althund also ein oder mehrere Probleme wie an der Leine zerren, allen möglichen Unrat fressen, hinter Joggern herjagen, andere Hunde anpöbeln, so wäre Ihnen dringend anzuraten, mit den Hunden getrennt zu gehen, damit der Kleine sich diese Unarten nicht abgucken kann.

Zusammengefasst: Die Aufnahme eines zweiten Hundes bringt nicht einfach nur doppelt Freude, sondern sie kann Probleme im Innenverhältnis der Familie erzeugen. Die Erziehung des Welpen als Zweithund ist in der Regel schwieriger, als wenn er allein in der Familie leben würde. Es sei denn, Sie haben einen optimal sozialisierten, umweltsicheren und total gehorsamen Ersthund, der praktisch nur als positives Rollenmodell fungieren kann. Aber solche Hunde kenne ich kaum!

9 Spazierengehen mit dem Welpen

Der erste Spaziergang

Für Ihre ersten gemeinsamen Gänge in die weite Welt hinauss sollten Sie sich nicht sofort die vielbelebte Einkaufstraße aussuchen, sondern mit dem Welpen im Grünen spazieren. Es kann Ihnen passieren, dass er von seinem Zuhause aus nicht loslaufen will.
Das ist so ziemlich das einzige Problem mit einem Welpen, das sich tatsächlich in wenigen Wochen von alleine löst, denn: Bei Welpen, die direkt von ihrem Zuhause nicht loslaufen wollen, kommt ein biologischer Schutzmechanismus zum Tragen, der ihnen in den ersten vier Lebensmonaten sagt: »Bewege dich nicht weit weg vom Höhleneingang, sonst wird es gefährlich«! Instinktiv will der Welpe nicht loslaufen. Die Lösung: Tragen Sie ihn die ersten Meter und setzen ihn dann hinunter – er wird laufen. Und nach wenigen Wochen wird das Problem nicht mehr existieren.

Gehen Sie von Anfang an sowohl angeleint als auch frei mit ihm spazieren.

Beim Spazierengehen mit dem Welpen werden erfahrungsgemäß folgende Fehler häufig gemacht:

1. Der Welpe wird lieber immer nur angeleint ausgeführt, damit er ja nicht entwischen kann.

2. Der Welpe darf zwar frei laufen, wird aber nur gerufen, wenn man ihn anleinen will, weil man nach Hause möchte, oder weil man ihn aus einer Gefahrenzone heraus haben möchte: So lernt der Welpe, dass das Rufen gleichbedeutend ist, mit: Schluss mit lustig, ich werde angeleint!

3. Der Welpe wird frei laufen gelassen, der Besitzer ruft ihn, der Welpe kommt nicht, der Besitzer fährt fort mit dem unattraktiven Rufen. Wenn der Welpe dann endlich kommt, wird er ausgeschimpft, weil es so lange gedauert hat. So verknüpft der Welpe das Kommen zum Besitzer mit unangenehmen Gefühlen.

4. Der Mensch schlurft recht unbeteiligt mit dem Welpen durch die Gegend, während der für sich allein die Welt entdecken geht: So lernt der Welpe seinen Menschen auf dem Spaziergang als uninteressantes Anhängsel kennen, der Spaß wartet woanders.

5. Der Mensch läuft aus Bequemlichkeit immer die gleichen Routen auf demselben Areal: So wird dem Welpen die Möglichkeit genommen, immer mal wieder fremde Welten zu erkunden. Außerdem fühlt sich ein Welpe eher im vertrauten Gelände zu sicher und unabhängig, und verselbstständigt sich auf eine Weise, die Fehlentwicklungen Vorschub leistet, wie zum Beispiel Joggern hinterher zu jagen.

6. Der Mensch hält den Welpen grundsätzlich von anderen Hunden fern, weil die ja gefährlich werden könnten: So kann der Welpe nicht lernen, wie man sich unter Hunden benimmt – und genau das kann für ihn dann schwer gefährlich werden!

7. Der Mensch hält sich bei Kontakten seines Welpen mit anderen Hunden grundsätzlich heraus, weil er meint: Die machen das schon unter sich aus. Falsch: Es gibt sehr wohl Situationen, aus denen man seinen Welpen retten muss.

8. Der Mensch meint, er habe seine Pflicht und Schuldigkeit getan, wenn er seinem Welpen viel Kontakt auf der Hundewiese ermöglicht und dort mit anderen Hundehaltern herumsteht und herumquatscht, während die lieben Kleinen so schön spielen. Mal ganz davon abgesehen, dass dieses »Spiel« oft alles andere als eine positive Lernerfahrung für den Welpen sein kann:

Welpen dürfen noch nicht lange am Stück laufen – zwischenzeitliches Tragen ist angesagt!

So schaffen Sie sich einen Hund, der draußen ausschließlich auf seine Artgenossen fixiert ist. Sie sind Luft für ihn und werden daher schon bald nicht mehr in der Lage sein, Ihren Welpen unter Kontrolle zu bringen, wenn der einen Artgenossen am Horizont auftauchen sieht.

9. Es wird viel zu lange am Stück mit dem Welpen gegangen. So laufen viele Welpenbesitzer mit ihrem zehnwöchigen Welpen locker eine Dreiviertelstunde spazieren. Da der Kleine immer noch läuft und nicht umfällt, kann das ja nicht verkehrt sein! Falsch: Sie überfordern die körperliche Leistungsfähigkeit. Welpen unter vier Monaten würden in der Natur keine langen Spaziergänge unternehmen.

10. Der Mensch orientiert sich pausenlos an seinem Welpen, bleibt grundsätzlich stehen, wenn der stehen bleibt, geht schneller, wenn der schneller geht, sagt ihm Bescheid, wenn er abbiegen oder die Richtung wechseln will. So lernt der Welpe, dass nicht er auf seinen Menschen zu achten hat, sondern umgekehrt.
Wie können Sie es richtig machen?

Freiheit – und Grenzen

Lassen Sie den Welpen so viel wie möglich frei laufen, jedoch nie in der Nähe von Verkehr. In den ersten Wochen wird ein Welpe noch von seinem Folgetrieb bestimmt sein, d.h., er dackelt Ihnen von sich aus immer hinterher. Das gilt es auszunutzen, indem Sie ihn viel frei mit sich laufen lassen. Rufen Sie ihn immer wieder zu sich: in die Hocke gehen, mit hoher Stimme aufmunternd rufen, lächeln, die Arme dabei eng am Körper lassen. Der Welpe darf sich dann ganz dicht vor Ihrer Brust ein Leckerchen aus der Hand pulen, oder Sie ziehen Ihr Spielzeug aus der Tasche und toben mit ihm. Wenn Sie Trockenfutter füttern, nehmen Sie einen Teil der Tagesration mit auf den Spaziergang. Damit können Sie ihn für jedes Herankommen belohnen.

Bei manchen Welpen dauert diese Phase des recht zuverlässigen Kommens bis zur 12., bei anderen bis zur 16. Lebenswoche, und wenn man Glück hat, vielleicht noch ein wenig länger. Je älter der Welpe wird, je mehr Sicherheit er entwickelt, desto mehr wird er sich verselbständigen. Es wird der Tag kommen, an dem Ihr Welpe nicht mehr gleich angerast kommt, wenn Sie ihn rufen. Er stellt seine Ohren auf Durchzug und macht sein eigenes Ding. Anfangs hilft für eine begrenzte Zeit, dass man sich dann sofort unsichtbar macht, hinter einem Baum versteckt, sich in einen Graben kauert: Der Welpe soll einen Schreck bekommen, nach dem Motto: Wenn du nicht gleich kommst, wenn ich rufe, bin ich weg! Aber das schockt nur sehr junge Welpen oder total unsichere. Den meisten Welpen ist das bald egal, insbesondere, wenn sie sich in vertrautem Gebiet befinden.

Dann ist der Punkt gekommen, an dem es mit dem Freilauf erstmal passé ist: Das Gehen an der langen Leine ist angesagt. Wie das funktioniert, lesen Sie im Kapitel 11 zur Grunderziehung. Das Gehen an der langen Leine ist auch dann notwendig, wenn Ihr Welpe zwar im allgemeinen weiter gut auf Rückruf kommt, es aber einen oder mehrere Schlüsselreize gibt, bei deren Auftreten er nicht zuverlässig abrufbar ist. Das kann der Anblick anderer Hunde sein, zu denen er zum Spielen oder zum Verbellen hinrennen will, das können die Fahrräder sein, denen er hinterherhetzen will oder die Krähen auf der Wiese, die er aufscheucht. All dieses gilt es bereits im Ansatz zu unterbinden, und das können Sie nicht bei einem frei laufendem Welpen und Junghund.

Also: Lassen Sie ihn auf den Spaziergängen so viel frei laufen wie möglich und üben Sie das Rufen. Aber wenn Sie erkennen, dass der Welpe nicht mehr zuverlässig kommt, sollte es mit dem Freilauf vorbei sein.

Beschäftigung mit dem Welpen

In den freien Spaziergang sollten Sie von Anfang an immer wieder ein kurzes Gehen an der Leine einfügen, dann darf er wieder toben.

Günstig ist es, Leinengehen zu üben, wenn er schon etwas getobt hat.

Wie Sie ihm die Leinenführigkeit beibringen, lesen Sie in Kapitel 11 zur Grunderziehung.

Spielen Sie Leckerchen fangen: Wenn der Welpe in Ihrer Nähe ist, rufen Sie freundlich seinen Namen.

Ein Spaziergang sollte aktive Beschäftigung mit dem Welpen beinhalten

Wenn sich Ihr Welpe mitten auf dem Spaziergang hinlegt, haben Sie ihn vermutlich körperlich oder seelisch überfordert!

In dem Moment, in dem er Sie anschaut, werfen Sie ihm das Leckerchen zum Fangen zu oder Sie können alternativ den Leckerchenweitwurf proben. Der Welpe lernt: Wenn er seinen Namen hört, stehen die Chancen gut, dass Futterbrocken durch die Luft fliegen. Gleichzeitig beginnen Sie damit, seine Suchfähigkeiten zu schulen – und Nasenarbeit ist eine wunderbare Beschäftigungsform, sie fordert die Hunde sowohl geistig als auch körperlich!

Gestalten Sie Ihre Gänge abwechslungsreich, bieten Sie dem Hund immer irgendetwas Interessantes. Man kann sich gemeinsam durchs Gebüsch schlagen, über Baumstümpfe klettern, über Bäche hüpfen, durch Begrenzungspfähle Slalom gehen, einen Sprint einlegen etc. Machen Sie auch ruhig kleine Übungen mit ihm wie Sitz und Platz, Pfötchen geben etc.

Wer achtet auf wen?

Machen Sie häufige Richtungswechsel, d.h. gehen Sie plötzlich nach links oder rechts, machen Sie eine Kehrtwendung, bleiben Sie plötzlich stehen etc. ohne ihn dabei anzusprechen, loben Sie ihn aber sofort, wenn er Ihrer Richtung folgt. Verändern Sie immer wieder Ihre Schrittgeschwindigkeit. Verstecken Sie sich hinter einem Baum, rennen Sie plötzlich in eine andere Richtung. Wann immer er Anstalten macht, Ihnen zu folgen, loben Sie ihn besonders. Der Welpe soll lernen, dass er Sie im Auge behalten muss – nicht umgekehrt. Selbstverständlich darf er vorauslaufen, mal hinter Ihnen bleiben, sich irgendwo festschnüffeln – aber er soll von sich aus, ohne dass Sie ihn explizit auffordern, immer wieder Blickkontakt zu ihnen aufnehmen. Das fördern Sie dadurch, dass Sie erstens für ihn undurchschaubar immer wieder die Richtung wechseln und oft an anderen Orten spazieren, die er noch nicht gut kennt. Auf dem gewohnten Spazierareal gehen Sie entgegen der üblichen Richtung oder nehmen ungewohnte Abkürzungen, etc.

Zweitens fördern Sie seine Orientierung an Ihnen dadurch, dass Sie jegliche Blickkontaktaufnahme durch Ihren Welpen verbal sofort belohnen (»Fein Schau«). Fühlt er sich dadurch bemüßigt, auch noch zu Ihnen zu kommen, gibt es eine »handfeste« Belohnung in Form von Leckerchen, Spiel oder Streicheleinheiten.

Ein guter Spaziergang ist ein solcher, in dem Ihr Welpe einerseits einfach Hund sein darf, vor sich hin trotten oder galoppieren kann, die Welt erkunden, die eigenen motorischen Fähigkeiten beim Sprung über einen Bach oder beim Klettern über einen Baumstamm schulen, und andere Hunde kontaktieren kann. Andererseits sollte dieses selbstständige Erkunden immer wieder unterbrochen werden durch gemeinsame Aktionen mit Ihnen, die dem Welpen Spaß machen – so dass Sie vom Welpen nicht als notwendiges Anhängsel betrachtet werden, dass eben mit muss, wenn man als Hund spazieren gehen möchte, sondern als Partner, mit dem man zusammen Spaß hat, tolle Sachen entdeckt und sich selber ganz großartig fühlen kann.

Entdeckung der Welt

Spazieren mit dem Welpen ist mehr als Gassi gehen – es ist die Einführung in die große weite Welt. Und das bedeutet: Sie müssen neben den vertrauten Orten immer wieder an verschiedenen Orten mit Ihrem Welpen gehen, um ihn an Dinge zu gewöhnen, die ihm Angst machen könnten: Zum Beispiel LKW Begegnungen an viel befahrenen Straßen für den Welpen, der auf dem Land lebt, oder die Begegnung mit Kühen für den Welpen, der in der Stadt lebt (siehe dazu im Kapitel 10 zur Umweltgewöhnung).

Die Umwelt kennenzulernen und möglichen Ängsten vorzubeugen oder diese abzubauen, ist die eine Funktion des Spaziergangs – die andere ist das Lehren von Regeln – und damit können Sie gar nicht früh genug damit anfangen.

Gehen Sie bereits mit Ihrem Welpen schwimmen!

Früh übt sich

Regeln betreffen z. B. die Nichtaufnahme von Essensresten, das Nichtanspringen von Spaziergängern, das Verbot der Jagd auf menschliche Beute wie Jogger und Radler und tierische Beute wie Vögel und Kaninchen. Wichtig ist, dass Sie den Spaziergang bewusst als Chance nutzen, Ihrem Welpen diese Ge- und Verbote zu vermitteln.

Lehren von Regeln betrifft ferner die Flächen, auf denen man sich lösen darf: Man kann jedem Hund (auch Rüden!) beibringen, dass gepflasterte Radwege, Bürgersteige, Hauseinfahrten, Straßen, Parkplätze, Laternenpfähle etc. tabu sind. Und wenn Sie einen frühreifen Welpen erwischt haben, der bereits nach wenigen Wochen sein Beinchen hebt, so sollten Sie ihm konsequent das Anpinkeln von allem »Nicht-Pflanzlichen« untersagen – Ihre Mitmenschen werden es Ihnen danken, wenn deren Mülleimer oder Häuserecken nicht nach Hundeurin stinken!

Sie als Hundebesitzer sollten sich von Anfang an daran machen, Ihren Welpen vorausschauend zu führen. Das bedeutet zum Beispiel beim Gehen an der Straße an dieser stets so zu gehen, dass man selber zwischen dem Welpen und dem fließenden Verkehr ist.
Bei Begegnungen mit Passanten, Joggern, Radlern, anderen Hunden gilt es, den Welpen stets so zu führen, dass Sie als Puffer zwischen Ihrem Hund und dem potentiellen Reiz sind. Vorausschauend zu agieren heißt ferner, stets die Umwelt zu scannen auf Reize, die erfahrungsgemäß Ihren Welpen zum Durchstarten veranlassen – sei es der Tümpel, der Pferdeapfel, die Ball spielenden Kinder – und ihn frühzeitig genug zu sich zu rufen und abzusichern. Und wenn Sie an dem Punkt in der Entwicklung des Welpen sind, an dem er sich eben trotz frühzeitigen Rufens und Ablenkens nicht mehr unter Kontrolle bringen lässt, müssen Sie mit der Schleppleine arbeiten.

Hundebegegnungen – Fluch und Segen!

Es gab eine Zeit, da habe ich Welpenbesitzern grundsätzlich geraten, möglichst häufig solche Orte aufzusuchen, an denen sie auf viele andere Hunde treffen, frei nach dem Motto: Der Welpe braucht vielfältige Begegnungen mit anderen Hunden, um Sozialverhalten zu erlernen. Prinzipiell stimmt das auch, wenn da nicht ein großes Aber wäre: Eine Begegnung mit einem fremden Hund ist nicht per se nur eine potentielle feine Übungsmöglichkeit für Ihren Welpen, sondern sie kann auch so ziemlich das Unglücklichste sein, was Ihrem Welpen passieren kann. Wenn Sie richtig Pech haben, entwickelt sich Ihr Welpe zu einem Angsthund, der panisch Reißaus nimmt, wenn er andere Hunde sieht, oder zu einem übertrieben unterwürfigem Jammerlappen, der im Angesicht anderer Hunde auf dem Boden robbt oder sich gleich auf den Rücken wirft und nicht wieder aufsteht, bis die Luft rein ist. Oder er entwickelt sich zum Angstbeißer, der aus der Deckung Ihrer Beine schießt und sich mit Drohattacken andere Hunde vom Hals halten will. Oder er entwickelt sich zu einem Angreifer, der jeden Hund erst über den Haufen rennt und/oder platt sitzt, bis dieser ihm die Referenz erwiesen hat. Oder Ihr Welpe wird zum begnadeten Hundehetzer: Sobald er spürt, dass einer »Schiss« hat, wird er sich mit Gebrüll auf ihn stürzen und durch die Pampa jagen!
Wie Sie sich wann wie verhalten sollten, ob Sie zum Beispiel eine Begegnung vermeiden sollten oder nicht, ob, wann und wie Sie eingreifen sollten, lesen Sie im nächsten Kapitel.

10

Umweltgewöhnung

Die Welt muss man im jungen Alter kennen lernen

Wenn der Hund Sie in jeder Lebenslage begleiten können soll (was er ja liebend gerne möchte, um nicht von Ihnen getrennt zu werden), muss er früh genug mit allem vertraut gemacht werden, was auf ihn zukommen könnte.

Ein Hund, der immer per Auto reist, sollte dennoch auch einmal in die Straßenbahn oder gar auf einen Bahnhof mitgenommen werden. Man weiß nie, ob man nicht doch einmal auf diese Verkehrsmittel angewiesen sein wird. Ein Hund, der auf dem Land lebt, muss zu Ausflügen in die Stadt mitgenommen werden, um sich an die vielfältigen optischen und akustischen Reize, die da auf ihn einströmen, gewöhnen zu können. Umgekehrt sollte ein Stadthund mit aufs Land genommen werden, damit er zum Beispiel als ausgewachsener Hund nicht beim Anblick von Kühen oder Mähdreschern in Panik gerät.

Warten auf den ICE – Lilleby schockt nichts

Auch an Menschen muss man sich gewöhnen. Sie sollten Ihren Welpen keinesfalls zwingen, sich von anderen anfassen zu lassen und es auch nicht tolerieren, wenn bei Spaziergängen sich alle Leute mit Begeisterung auf den süßen kleinen Teddybären stürzen. Laden Sie nette, hundefreundliche Leute zu sich ein, mit denen er von Anfang an gute Erfahrungen machen kann. Greifen Sie ein, wenn Sie merken, dass es Ihrem Hund zu viel wird. Geht der Hund auf die Kontaktangebote von anderen Menschen ein, lassen Sie ihn gewähren. Verhält er sich freundlich, bestätigen Sie ihn darin, dass er es richtig macht.
Geht er jedoch auf andere Menschen knurrend oder gar fletschend zu, verbieten Sie ihm das energisch, indem Sie ihm kurz über den Fang greifen und mit tiefer Stimme »Nein« sagen.

Einzelne Menschen sind wieder etwas anderes als konkrete Menschenmengen – das Gehen über einen Flohmarkt oder der Besuch in einem gefüllten Lokal muss auch trainiert werden.

Welpen müssen dosiert an den vielfachen Umweltstress im jungen Alter gewöhnt werden. Natürlich heißt es da, behutsam zu sein und sich immer weiter vorzutasten. Wenn man sich die Mühe macht, seinen kleinen Kerl genau zu beobachten, merkt man sehr schnell, wann ihm etwas noch zu viel ist und wann er noch unbekümmert und tatendurstig voranschreitet. Verpassen Sie die notwendige Gewöhnung im jungen Alter, kann es Ihnen passieren, dass Sie einen aus-

Wer viel im Welpenalter kennen lernt, der ängstigt sich auch nicht vor Urlaubsfahrten mit der Fähre

gewachsenen Hund haben, der partout nicht mehr weitergeht, wenn es auf belebte Straßen zugeht, der ausreißt, wenn der Wind eine klappernde Dose auf ihn zurollt, etc.

Umgang mit Angst

Wenn der Hund vor irgendetwas Angst hat, sollten Sie ihn nicht übertrieben trösten oder bemuttern. Er lernt so nur, dass er offensichtlich guten Grund hat, sich in dieser Situation zu fürchten. Sie sollten sich ganz neutral verhalten, als würden Sie überhaupt keine Bedrohung wahrnehmen und ruhig Ihren Weg fortsetzen. Die Angst, von Ihnen verlassen zu werden, ist meist größer, als die Angst vor allem Unbekannten. So folgt er Ihnen und macht ganz nebenbei die Erfahrung, dass ein Mülleimer vielleicht groß und schwarz ist und nur einmal in der Woche da steht, aber dass dieser ihm nichts tut und man ruhig daran vorbeigehen kann. Sie müssen dem Kleinen auch einfach Zeit lassen. Wenn zum Beispiel an einem vertrauten Spazierweg plötzlich etwas steht, was da sonst nicht steht, wird der Hund zuerst irritiert, eventuell auch beunruhigt sein.

Kennenlernen anderer Vierbeiner

Warten Sie ab, ob seine Neugier nicht doch siegt und er sich vorsichtig anschleicht, um das unheimliche Ding zu begutachten. Unternimmt er nichts, können Sie auch ganz ruhig darauf zuschlendern und es »untersuchen«. Spätestens dann wird er mittun und merken, dass keine Gefahr droht.

Wenn es Ihnen gelungen ist, eine tiefe Bindung zu Ihrem Hund aufzubauen, hat der normalerweise ein unbedingtes Vertrauen in Sie und folgt Ihnen bei allem, was Sie tun, nach dem Motto: »Frauchen/Herrchen wird schon wissen, was richtig ist«.

Kontakt mit anderen Hunden ist (über-)lebenswichtig

Die Gewöhnung an andere Hunde ist schließlich ebenso zentral. Wenn der Welpe vom Züchter abgegeben wird, wird damit ein wichtiger Entwicklungsprozess abrupt unterbrochen: Das Erlernen des Sozialverhaltens unter Artgenossen. In der Natur würde der Welpe mit seinen Geschwistern, anderen jungen und anderen erwachsenen Hunden im Rudel aufwachsen. Er könnte sozusagen mit allen Altersgruppen seine Erfahrungen sammeln. Ihm wird gezeigt, wie man sich untereinander verständigt, was bestimmte Körperhaltungen zu bedeuten haben, wie man beschwichtigt, woran man erkannt, dass man sich ruhig zur Kontaktaufnahme nähern darf, wie man selber dominiert, etc. All diese Lernchancen haben Welpen nicht, die aus Angst vor Ansteckungen, aus Angst davor, die großen Hunde könnten sie »erdrücken« oder gar beißen, vom Kontakt zu anderen Hunden ferngehalten werden oder die einfach deshalb keinen Kontakt haben, weil keine Spielpartner in der Nähe wohnen. Die Welpenspielgruppe bietet die Gelegenheit, regelmäßig mit Gleichaltrigen zu spielen und Erfahrungen zu sammeln. Doch parallel dazu müssen Sie auch dafür sorgen, dass Ihr Welpe viele Kontakte zu erwachsenen Hunden pflegen kann. Wenn Ihnen jedoch ein Hund als sozial gestört bekannt ist, sollten Sie Ihrem Welpen den Kontakt zu diesem natürlich ersparen, denn die Gefahr ist groß, dass der Welpe etwas Falsches lernt. Zum Beispiel dass alle großen schwarzen, kurzhaarigen Hunde prinzipiell böse sind und man sich vor ihnen in acht nehmen muss (wenn besagter Hund so aussieht und den Kleinen aus heiterem Himmel bös in die Mangel nimmt).

Gerade wenn der Welpe noch so hilflos klein aussieht und man ihn noch nicht lange hat, ist die Versuchung sehr groß, ihn grundsätzlich vor den Großen zu beschützen. Aber Sie tun ihm keinen Gefallen damit. Sagen Sie sich, dass es immer noch besser ist, mit zehn

Spieler unter sich

Wochen entsprechend des Hundeknigges reglementiert zu werden, als dann als älterer Hund übel in die Mangel genommen zu werden, weil man zum Beispiel die Drohungen des anderen Hundes nicht verstanden und selbst keine eindeutigen Beschwichtigungsgesten gemacht hat. Ältere Hunde mergeln die Welpen zu erzieherischen Zwecken manchmal so intensiv, dass man als außenstehender Mensch glaubt, gleich sei der Welpe halb tot, zumal es eine Strategie der Welpen ist, markerschütternd zu schreien.

In der Regel wird der Welpe nicht ernsthaft traktiert. Aber: Es gibt immer Ausnahmen von dieser Regel! Wenn Ihnen ein anderer Hundehalter sagt, sein Hund möge keine Welpen, dann glauben Sie ihm das und verhindern Sie, dass Ihr dödeliger Welpe nichts ahnend hinmarschiert.

Fängt der Kleine sich einmal eine Packung, weil er zu vorwitzig war oder schlicht und einfach die Signale des anderen nicht richtig verstanden hat, überschütten Sie ihn nicht mit Trost und Zuwendung. Rufen Sie ihn auch nicht grundsätzlich zurück, wenn Ihnen ein Hund entgegenkommt, sondern schlendern Sie einfach ruhig darauf zu. Wenn Sie ihn grundsätzlich anleinen oder zu sich holen, entwickelt er erst ein Misstrauen.

Vergessen Sie nie, dass sich Ihre Angst auf den Welpen überträgt und ein an sich freier, unbekümmerter Welpe erst durch seinen ängstlichen Hundebesitzer zum verunsicherten Hund werden kann!
Begegnet man anderen freilaufenden Hunden, die entweder einen desinteressierten oder aber einen freundlich-interessierten Eindruck machen, ist es grundverkehrt, den Welpen an die Leine zu nehmen.

Hier überträgt sich die Angst des Kindes deutlich auf den Welpen!

Hunde, die an der Leine sind, während der andere Hund frei ist, fühlen sich in ihren Handlungsmöglichkeiten begrenzt. Sie können nicht ausweichen, nicht flüchten, und sind daher häufig an der Leine in ihrem Verhalten verunsichert, was bei vielen Hunden wiederum dazu führt, dass sie sich aggressiv gebärden – nach den Motto: sich möglichst gefährlich darstellen – damit der andere einem bloß nicht zu nahe kommt.

Begegnen Sie einem angeleinten Hund, so ist es ein Gebot der Fairness, den Ihren auch anzuleinen. Meist haben Hundebesitzer ihre guten Gründe, ihren Hund nicht frei laufen zu lassen. Dödelt dann Ihr Kleiner darauf zu, bringen Sie den anderen Hundehalter vielleicht in ernste Schwierigkeiten.

Außerdem riskieren Sie, dass sich Ihr Kleiner vielleicht wirklich eine Packung einfängt. Vorsichtig wäre ich immer dann, wenn Ihnen eine Gruppe Hunde entgegenkommt, deren Halter sich munter miteinander unterhalten und dabei überhaupt nicht ihre Hunde im Blick haben. Aus solchen Begegnungen resultieren oft Hetzjagden auf den allein daher kommenden Hund, und so eine Erfahrung ist für einen Welpen u. U. traumatisch.

Langfristig ist es für die Erziehung des Welpen sehr sinnvoll, ihm beizubringen, dass er beim Anblick eines anderen Hundes stets zunächst Blickkontakt zu Ihnen aufnimmt und sich sozusagen die Erlaubnis holt, dahin zu rennen – oder eben nicht hinzurennen. Ist Ihr Welpe selber an der Leine, sollte er als Grundregel lernen: An der Leine wird nicht mit anderen Hunden Kontakt aufgenommen.

Unter Hundehaltern sind zwei Extrempositionen weit verbreitet: die einen meinen, grundsätzlich reglementierend eingreifen zu müssen, wenn sich zwei Hunde treffen, die anderen leben nach der Devise: »Die machen das schon unter sich aus«. Beide Positionen sind falsch.

Ja, es gibt auch Situationen, in denen Sie Ihren Welpen beschützen müssen. Man kann sich leider nicht darauf verlassen, dass sich alle Hunde sozial angemessen verhalten. Man kann sich nicht darauf verlassen, dass Halter, deren Hunde sich nicht sozial verhalten, diese vorausschauend in einer Hundebegegnung unter Kontrolle bringen. Frei nach dem Motto: »Die machen dass schon unter sich aus«, wird der eigene Hund einfach frei laufen gelassen – die anderen können sehen, wie sie damit fertig werden. Viele Hundehalter erkennen überhaupt nicht, dass ihr Hund einen fremden Hund arg in Bedrängnis bringt, einen Welpen total überfordert, ihn unangemessen hart reglementiert oder sich nur an ihm abreagiert.

Sie greifen nicht ein, weil sie nicht sehen, dass sie allen Anlass dazu hätten, oder weil sie nicht in der Lage sind, ihren Hund unter Kontrolle zu bringen.

Dass ein Hundehalter seinen Hund frei zu einem anderen Hund hinlaufen lässt, heißt nicht automatisch, dass sein Hund sozial unbedenklich ist!

Ihre Rolle als Rudelchef gebietet, dass Sie für den angemessenen Schutz Ihres Welpen verantwortlich sind. Dazu kann gehören, sich einem heranstürmenden Hund in den Weg zu stellen, diesen über körpersprachliches und verbales Bedrohen zu verscheuchen. Ja, und es kann auch sein, dass Ihnen mal nichts anderes übrig bleibt, als Ihren Welpen auf Ihrem Arm in Sicherheit zu bringen. Klar verstärken Sie in dem Augenblick seine Angst. Aber sollen Sie statt dessen zugucken, wie Ihr Welpe von einem anderen Hund gebissen wird, der zum Beispiel im Welpen nicht den Artgenossen, sondern ein fiependes kleines Beutetier sieht, das man zur Strecke bringen will?

Auch in Bezug auf Hundebegegnungen gibt es also kein Patentrezept: Ja, in der Regel sollten Sie sich raushalten – aber es gibt Situationen, das müssen Sie agieren!

Manchmal muss man seinen Welpen beschützen

11 Die Grunderziehung des Welpen

Wer über Erziehung nachdenkt, denkt meist einfach nur an die Erteilung von Befehlen, die der Hund auszuführen hat. Befolgt er die »Kommandos« nicht, wird er bestraft. Erziehung eines Welpen meint aber mehr: Sie bedeutet, eine Bindung zum Hund aufzubauen, den Welpen in das Familienrudel einzufügen, sich dem Hund verständlich zu machen, den Spieltrieb des Welpen zu nutzen, um ihm Lernerfahrungen und lebenswichtige Umwelterfahrungen zu ermöglichen, dem Welpen die Bedeutung bestimmter Signale zu vermitteln. Der Aufbau von Bindung, die Klarstellung der Rangordnungsfrage, die Gewöhnung an die Umwelt und die Ermöglichung des Kontakts zu Artgenossen sind jene Dinge, auf die Sie während der ersten gemeinsamen Lebenswochen mit Ihrem Welpen so besonderen Wert legen sollten.

Sie als Welpenbesitzer legen mit Ihrer Arbeit in den ersten Monaten den Grundstein dafür, ob der Hund und Sie als Team ein gemeinsames schönes Leben genießen können oder ob die Freude getrübt ist, weil er zum Beispiel nie von der Leine darf, da Sie versäumt haben, ihm das Herankommen beizubringen. Ein Hund, der nicht gelernt hat, mit belastenden Umweltanforderungen wie zum Beispiel Ungetümen am Himmel (Heißluftballons), zischenden LKW-Bremsen, brausendem Straßenlärm, ja selbst dem Klicken des Toasters umzugehen, lebt sein Leben lang in psychischem Stress.

Ein Hund, der aggressiv auf alle anderen Hunde reagiert, weil ihm im Welpenalter nicht genügend Gelegenheit gegeben worden ist, mit anderen Hunden – auch gleichaltrigen, zu spielen und die Kommunikation unter Hunden zu lernen – wird eines immens wichtigen Teils seines Lebens beraubt: dem Kontakt zu und dem Spiel mit seinen Artgenossen. Ein Hund, der keine Erziehung genossen hat, muss einen großen Teil des Tages allein verbringen, weil seine Familie ihn nach getaner Arbeit eben nicht mit zum Stadtbummel ins Café, zum Besuch bei Freunden mitnehmen kann, da er an der Leine zieht, überall markiert, keine fünf Minuten ruhig auf einem Platz bleibt, andere Leute ständig anspringt, etc.

Kurzum: Welpenfrüherziehung legt den Grundstein für ein glückliches Leben von Mensch und Hund. Aber sie ist viel mehr als nur das Einüben bestimmter »Kommandos«.

Lange Jahre galt eine Maxime in der Hundeausbildung: Ein Jahr lang lässt man den Hund »reifen«, dann geht es mit der »richtigen« Erziehung los, was meist gleichgesetzt wurde mit »Unterordnung des Hundes«. Glücklicherweise setzen sich in Ausbilderkreisen mehr und mehr die Erkenntnisse der Wissenschaft durch, die gezeigt haben, dass es für das ganze spätere Leben des Hundes entscheidend ist, was er in seinem ersten Lebensjahr und ganz speziell in seinen ersten vier Lebensmonaten erlebt hat. Der Welpe ist in dieser Zeit sehr umwelt- und lernoffen. Er kann vieles mit Leichtigkeit lernen, Gutes wie Schlechtes.

Wie lernt der Hund?

Hunde lernen aus ihren Erfahrungen. Hat ein Verhalten schlechte Konsequenzen für sie, unterlassen sie dies zukünftig eher. Hat es positive Konsequenzen, wird das Verhalten wiederholt. Die Konsequenzen nun bestimmen nicht immer die Halter des Hundes. Hat beispielsweise ein unsicherer Welpe, der Angst vor anderen Hunden hat, in mehreren Hundebegegnungen die Erfahrung gemacht, dass sein Anknurren und Fletschen fremde Hunde auf Abstand hält, wird er weiter fremde Hunde androhen. Damit beraubt er sich aller Chancen, auf »normale« Hundeart Kontakt aufzunehmen, um dann feststellen zu können, dass es sehr angenehm sein kann, anderen Hunden zu begegnen. Durch »falsche« Lernprozesse, die die Halter häufig gar nicht mitbekommen, werden in frühester Hundekindheit so schon die Grundsteine für späteres Fehlverhalten gelegt.

Der Welpe lernt nicht nur das, was wir ihm gezielt beizubringen versuchen, er lernt auch aus eigenen

Spiel als Belohnung

Erfahrungen mit positiven/negativen Konsequenzen! Auch wenn man es als begeisterter Hundebesitzer zu gern glauben möchte: Ein Hund denkt nicht wie ein Mensch. Er kann lediglich Situationen verknüpfen – und er hat ein sehr gutes Gedächtnis. Wenn ihm ein Verhalten eine Lustbefriedigung verschafft, so ist die Wahrscheinlichkeit groß, dass er dieses Verhalten unter ähnlichen Umständen wieder zeigen wird.

Ein Beispiel: Der Welpe wird von seinem Besitzer in einem Raum allein gelassen, die Tür wird geschlossen. Der Welpe möchte nun unbedingt hinaus, weil er natürlich nicht alleine bleiben will. Er springt an der Tür hoch, kratzt und jammert. Durch Zufall kommt er mit einer Pfote auf die Türklinke und die Tür geht auf. Juchhu – der Weg zu Frauchen ist frei – und er rennt begeistert hin. Es ist sehr wahrscheinlich, dass nach einigen Wiederholungen der Hund ganz gezielt die Türklinke hinunterdrückt, um auszubrechen.

Hunde können sich Dinge selber beibringen. Die ungeplanten Lernprozesse beim Hund nehmen oft einen größeren Stellenwert ein, als unsere geplante Erziehung. Leider haben sie oft zur Folge, dass der Hund Dinge lernt, die er aus unserer Sicht besser nicht gelernt hätte.

Es ist nun nicht nur so, dass der Hund aus Zufall bestimmte Erfahrungen macht und die dann in der Zukunft entsprechend umsetzt. Auch wir ermöglichen z. T. dem Hund unbewusst unerwünschte Lernerfahrungen.

Ein Beispiel: Wir gehen mit unserem Welpen spazieren, als plötzlich das Müllauto laut scheppernd um die Ecke biegt. Der Welpe, der noch nie ein Müllauto gesehen und gehört hat, erschreckt sich und läuft Schutz suchend zu uns. Ganz die lieben Hundeeltern bücken wir uns hinunter zu ihm, streicheln ihn und sprechen beruhigend auf ihn ein. Was wir dabei aber nicht bedenken ist, dass der Welpe lernt: »Wenn ich zitternd vor etwas wegrenne, ist Frauchen ganz, ganz lieb zu mir« – und welcher Hund wollte das nicht? Außerdem vermitteln wir ihm durch unsere besondere Zuwendung das Gefühl, dass er guten Grund gehabt hat, sich zu fürchten. Wir erreichen also genau das Gegenteil, von dem, was wir wollen. Der Welpe wird in seiner Angst bestätigt, und er wird dafür belohnt, zu flüchten, anstatt sich der Situation vorsichtig zu stellen.

Schließlich wird oft verkannt, dass allein die Ausübung eines bestimmten Verhaltens, ohne dass dies zur Erreichung eines Ziels führt, schon Lustbefriedigung sein kann.
Ein Beispiel: Der Welpe sieht einen Hasen über den Acker flitzen. Die rasche Bewegung reizt ihn, und er rennt hinterher. Natürlich hat er keine Chance, den Hasen zu bekommen. Kann der Besitzer aufatmen? Nein. Zwar hat der Welpe den Hasen nicht bekommen, aber allein das Hinterherflitzen bereitet größte Lust. Sieht er demnächst wieder einen Hasen, ist da dann nicht mehr allein der auslösende Reiz der Bewegung, sondern auch die Erinnerung daran, wie gut man sich nach einer ausgiebigen Hatz fühlt. Überlegen Sie mal, wieso so viele Menschen joggen.

Hunde, insbesondere Welpen, können sehr schnell Verknüpfungen herstellen, von uns gewünschte und unerwünschte. Häufig können wir uns ein bestimmtes Verhalten gar nicht erklären, weil wir den Lernvorgang beim Welpen gar nicht bewusst mitbekommen haben.

Lob/Belohnung geht vor Strafe

Sich dem Hund gegenüber konsequent als Autoritätsperson zu verhalten, heißt nicht, ihn vornehmlich durch Strafen zum gewünschten Verhalten zu bringen. Man kann einen Welpen im Wesentlichen durch Loben dazu bringen, dass er sich so verhält, wie man es sich von ihm wünscht, wenn man dem Aufbau einer Bindung zu ihm und der Etablierung einer Rangordnung seine ganze Energie widmet. Natürlich kann Strafen auch gut funktionieren. Aber kann es das Ziel sein, sich einen Hund heranzuziehen, der die meisten Befehle zwar perfekt ausführt, dabei aber stetig geduckt in Erwartung der nächsten Strafe daher schleicht? Ziel sollte doch ein Hund sein, der selbstbewusst und aufrechten Ganges gehorcht.

Eine Belohnung ist im Prinzip alles, was es wahrscheinlicher macht, dass der Hund in der gleichen Situation das gleiche Verhalten noch einmal zeigen wird, das er ausführte, bevor die Belohnung erfolgte – die Belohnung wirkt als Verstärkung des Verhaltens.

Wenn wir ein Verhalten erreichen wollen, so ist der beste Weg der, den Welpen für das Zeigen dieses Verhaltens zu belohnen. Wenn der Welpe die Erfahrung macht, dass sich ein bestimmtes Verhalten, wie zum Beispiel sich auf ein bestimmtes Zeichen hinzusetzen, für ihn lohnt – weil er ein Leckerchen bekommt, geknuddelt wird, weil dann mit ihm gespielt wird – setzt er sich hin in Erwartung der Belohnung.

Besonders wenn Sie mit einer neuen Übung beginnen, muss die Belohnung jedes Mal erfolgen. Hat der Welpe begriffen, was man von ihm will, belohnt man ihn in unregelmäßigen Abständen. Das funktioniert dann besser, als wenn man ihn jedes Mal belohnt. Ganz wegfallen darf die Belohnung jedoch nie. Man muss sich vor Augen halten, dass der Hund nicht aus irgendeinem Pflichtgefühl heraus, sondern aus seinem Interessen heraus gehorcht. Sie würden auch nicht jeden Tag zur Arbeit gehen, ohne dafür Gehalt zu bekommen. Das würden Sie ja auch nicht als »Bestechung« betrachten. So ist es auch mit der Belohnung beim Hund: Sie wird nicht als Bestechung eingesetzt, sondern als angemessene Belohnung dafür, dass er etwas Erwünschtes getan, bzw. etwas Unerwünschtes unterlassen hat.

Wichtig ist das Timing: Man muss sofort bei Zeigen des erwünschten Verhaltens belohnen, ansonsten kann der Welpe keine Verknüpfung herstellen. Sie können ihm zum Beispiel nicht erklären, dass er am Abend eine Extraportion Trockenpansen bekommt, wenn er mittags auf dem Spaziergang nicht ausreißt.

Man kann den Welpen auf mehreren Wegen gezielt belohnen. Zum einen durch die Stimme: Hohes, freudiges Ansprechen kommt bei den meisten Hunden sehr gut an. Wenn er merkt, dass Sie sich ehrlich freuen und er noch dazu gelernt hat, dass häufig, wenn Sie so mit ihm sprechen, vielleicht auch noch ein Leckerchen herausspringt, – ist das für den Hund ein Ansporn, weiter so zu machen. Eine Belohnung kann in Leckerchen bestehen, im Geben eines geliebten Spielzeugs, im Spielen und Schmusen mit dem Hund. Jeder Hund bevorzugt andere Formen der Belohnung. Sie müssen selbst herausfinden, was bei Ihrem Hund am Besten wirkt.

Leider ist es das Problem vieler Hundebesitzer, dass sie sich – zumindest in der Öffentlichkeit – nicht so richtig mit ihrem Hund gehen lassen mögen, etwa wie ein Flummiball über die Wiese zu hüpfen, hoch quietschend mit dem Welpen zu reden. Das ist ja soooo peinlich. Aber Lob muss aus vollem Herzen kommen und darf bei besonderen Gelegenheiten auch mal ruhig übertrieben gezeigt werden. Stellen Sie sich mal vor, Sie lieferten eine Arbeit, an der Sie lange gesessen haben und die Ihnen einiges abverlangt hat, bei Ihrem Chef ab. Der wirft einen kurzen Blick drauf, sagt mit unbewegtem Gesicht: »In Ordnung«, schaut Sie dabei noch nicht mal an und signalisiert ihnen, dass Sie sein Büro verlassen können. Fühlen Sie sich da so richtig gelobt? Stellen Sie sich die Situation dann einmal so vor: Sie liefern besagte Arbeit ab, der Chef guckt sie sich aufmerksam an, drückt durch seine Körperhaltung immer stärker aus, dass es ihm sehr gefällt, was ihm da vorgelegt wird. Er blickt Sie freundlich lächelnd an und sagt: »Gute Arbeit«, klopft Ihnen vielleicht noch auf die Schulter und ermuntert Sie, so weiter zu machen. Wann würden Sie sich wirklich gelobt fühlen? Und vor allem: Wann würden Sie sich eher motiviert fühlen, sich beim nächsten Arbeitsauftrag mindestens genauso anzustrengen, wenn nicht noch mehr?

Hunde sind in dem Punkt nicht anders als Menschen. Das bedeutet aber auch, dass man natürlich nicht jedes Mal in Begeisterungsgekreische ausbricht, wenn der Hund sich tatsächlich auf das erste Hörzeichen hinsetzt. Auf die Dosierung der Belohnung kommt es an: Je schwerer eine Übung für den Hund – sei es, dass sie schwer zu verstehen ist oder sei es, dass er dazu Ängste überwinden muss – desto mehr wird er gelobt!

Wenn wir vermeiden wollen, dass der Hund ein bestimmtes Verhalten zeigt, so ist der sicherste Weg der, dass er mit diesem Verhalten kein Erfolgserlebnis haben kann.

Ein Beispiel: Man kann einen Hund, der Lebensmittel vom Tisch klaut, natürlich dadurch erziehen, dass man ihn für sein Verhalten bestraft – dass zum Beispiel im Moment, in dem er sich die Wurst vom Tisch schnappen will, eine klappernde Dose wie von Geisterhand hinter ihm vom Himmel fällt. Sinniger ist es jedoch, vorausschauend zu denken und dem Welpen erst gar keine Möglichkeit zu bieten, erfolgreich Essen zu klauen. Hat man hinsichtlich eines solch vernünftigen, vorausschauenden Verhaltens geschludert und der Welpe hat mit Essenklauen Erfolg gehabt, kann man ihm eine bewusste Falle stellen und sein Verhalten bestrafen. Sinn der Übung wäre dann, das Krabbeln auf den Tisch mit einer höchst unangenehmen Erfahrung (zum Beispiel einem lauten Knall) zu verknüpfen, die den Hund dazu bewegt, zukünftig auf Wurst vom Tisch zu verzichten.

Auch wenn man hauptsächlich mit Belohnung arbeitet: Strafen sind manchmal unumgänglich. Für die Strafe gilt das Gleiche wie für die Belohnung: Sie muss in dem Moment erfolgen, in dem der Welpe das unerwünschte Verhalten zeigt. Eine Strafe, die später erfolgt, nützt nichts, weil der Hund sie nicht in einen Zusammenhang mit seinem Verhalten stellen kann. Hat er also zum Beispiel in Ihrer Abwesenheit ein Paar Schuhe zerlegt, nützt es gar nichts, ihn dafür auszuschimpfen, wenn Sie nach Hause kommen. Er merkt dann nur, dass Sie böse sind, obwohl er sich doch so darüber freut, dass Sie wieder bei ihm sind.

Viele Hundehalter glauben, dass ihr Hund sehr wohl wisse, was er angestellt habe und warum sie auf ihn böse sind. Sie glauben es deshalb, weil ihr Hund merkwürdig geduckt da steht, und interpretieren seinen Gesichtsausdruck als »schlechtes Gewissen«. Aber Vorsicht: Meist ist es einfach so, dass Ihr Hund Ihren Ärger sofort spürt, wenn Sie zur Tür hineinkommen und die angenagte Tapete sehen. Er merkt: Boss ist stinkig, da halt ich mich lieber zurück.

Auch darf man nicht nachtragend sein, der Hund versteht das nicht. Wenn Sie ihn bestraft haben, sollten Sie sich danach wieder normal wie immer verhalten – allerdings auf keinen Fall gleich mit ihm spielen oder ihn gar trösten. Wenn Sie sich so inkonsequent verhalten, nimmt der Hund Sie bald nicht mehr ernst.

Einen Hund zu schlagen, zu verprügeln, etc., ist keine geeignete Strafmaßnahme. Wenn gestraft werden muss, sind folgende Strafen angebracht: Spielabbruch, Ignorieren, böse, tiefe Stimme, über den Fang greifen, im Nackenfell zu Boden drücken. Genauso gehen die Hundeeltern mit ihren Kindern um. Die Welpen wissen genau, was es bedeutet, wenn man sie beispielsweise am Nackenfell packt und zu Boden drückt – nicht aber im Nackeln schüttelt! Das immer wieder empfohlene Nackenschütteln als Erziehungsmaßnahme hält sich hartnäckig in Erziehungsbüchern. Tatsache ist aber, dass man es in der Natur kaum beobachten kann. Das ist im Grunde auch leicht nachvollziehbar: Denken Sie an die Jagdsequenzen: Im Nacken packen und schütteln ist ein Teil des Tötungsaktes. Glauben Sie im ernst, Hundemütter würden ihre frechen Babies ständig in Todesangst versetzen wollen?

Konsequenz ist nötig

Man wird beim Hund weder gewünschtes Verhalten erzielen, noch unerwünschtes Verhalten reduzieren, wenn man ihm nicht mit allerletzter Konsequenz begegnet. D.h.: Wenn man einmal ein Verbot ausspricht, muss man dabei bleiben. Auch geht es nicht an, dass ein Familienmitglied dem Hund etwas erlaubt, was er beim anderen nicht darf. Besonders den jungen Hund stürzt das in Verwirrung, weil er keine klaren Regeln für das Leben mit Ihnen bekommt. Konsequenz meint aber genauso, dass Sie, wenn Sie Ihrem Hund ein Signal gegeben haben, auch darauf bestehen müssen, dass er die erwünschte Handlung auch ausführt. Aus diesem Grund ist es besser, auf Anweisungen zu verzichten, wenn man genau weiß, dass der Hund sie in dem Moment sowieso nicht ausführen wird. Einen Hund, der das »Komm« noch nicht beherrscht, ausgerechnet aus einem tollen Spiel mit einem anderen Hund abrufen zu wollen, ist vergebene Liebesmüh. Der Hund gewöhnt sich nur daran, dass Sie wild gestikulierend hinter ihm herrufen, ohne dass das irgendeine Konsequenz für ihn hätte.

Grundsignale, die jeder Hund beherrschen sollte

Dieses Welpenbuch kann keine Komplettanleitung für die Erziehung Ihres Hundes sein. Es gibt ein wunderschönes Erziehungsbuch, anhand dessen Sie die wichtigsten Signale, die ein Hund erlernen sollte, einüben können – sofern Sie nicht an einer Welpenspielstunde und einem Junghundekurs teilnehmen können oder wollen: Petra Führmanns und Nicole Hoefs Buch: Das Kosmos-Erziehungsprogramm für Hunde.
An dieser Stelle seien daher nur die wesentlichen Dinge kurz herausgegriffen:

Kommen auf Ruf

Wenn der Hund Sie zufällig anschaut, sagen Sie genau in dem Moment seinen Namen.
Die Kleinen lernen sehr schnell, wer gemeint ist. Sie rufen ihn im Laufe des Tages immer wieder bei seinem Namen, und dies mit sehr freundlicher, hoher, etwas piepsender Stimme. Hocken Sie sich dabei anfangs hin. Wenn er kommt, wird er tüchtig begrüßt, bekommt ein Leckerchen oder eine Streicheleinheit. Welpen »stehen« auf hohe Piepslaute und kommen dahin gerne angerannt. Indem Sie sich klein machen, wirken Sie erstens weniger bedrohlich auf Ihren Hund.
Zweitens vergrößern Sie für den Welpen optisch die Distanz. Er meint, sie seien noch weiter weg, was ihn noch mehr veranlasst, bloß den Anschluss nicht zu verpassen. Drittens findet es der Welpe interessant, wenn sein Zweibeiner plötzlich auch unten auf der Erde sitzt. Der Kleine verbindet bald mit seinem Namen angenehme Erlebnisse und kommt freudig zu Ihnen, wobei er immer weiter gelobt wird. Gehen Sie mit ihm spazieren, rufen Sie ihn immer wieder einmal bei seinem Namen in Verbindung mit dem »Komm«. Kommt er, wird er gelobt. Tippelt er aber einfach in eine andere Richtung davon – auf keinen Fall hinterherlaufen. Er versteht das als »Packenspiel« und wird voller Begeisterung immer weiter weglaufen. Statt hinterherzulaufen oder immer weiter fruchtlos zu rufen, drehen Sie sich einfach um und gehen oder laufen gar in die andere Richtung davon. Aus lauter Verlassenheitsängsten wird der Kleine schleunigst hinter Ihnen her gestolpert kommen. Dauert es einmal sehr lange (der Tag wird kommen), dürfen Sie ihn auf keinen Fall bestrafen, wenn er endlich eintrudelt, denn dann würde er sein Kommen mit einer negativen Erfahrung verbinden und beim nächsten Mal wieder nicht kommen.

Ich komme wie der Blitz

Viele Hundebesitzer üben das Rufen nur auf dem Spaziergang, nicht aber im Haus. Oder Sie rufen zwar auch im Haus, sehen es dann aber als nicht so problematisch an, wenn der Welpe nicht kommt. Das ist falsch: Denn das Wort, dass Sie als Signal benutzen, ist für den Welpen immer das gleiche. Folglich muss auch immer dieselbe Konsequenz für den Welpen eintreten. Wer seinen Welpen häufig in der Wohnung oder im Garten ruft, es dann aber eher dem Zufall überlässt, ob der Welpe nun kommt oder nicht, kann nicht erwarten, dass der Welpe auf dem Spaziergang, wo in der Regel noch ganz andere Ablenkungen im Spiel sind, zuverlässig kommt.

Wie im Kapitel zum Spazierengehen mit dem Welpen schon beschrieben, kommen die meisten Welpen in den ersten zwölf Lebenswochen in der Regel sehr zuverlässig, wenn man sie ruft – oder lassen sich zumindest schwer beeindrucken, wenn man sich als Reaktion auf ihr Nichtkommen versteckt oder schnell in eine andere Richtung läuft. Man kann und sollte in dieser Phase unbedingt den Freilauf und das Kommen auf Ruf üben. Leider machen hier viele Hundehalter den Fehler, zu denken, ihr Welpe sei ja noch nicht erzogen, sei noch zu klein, es sei zu gefährlich, ihn frei laufen zu lassen – und gehen stets nur angeleint, häufig an Leinen von nur zwei Metern Länge. Dabei ist es gerade diese frühe Welpenphase, in der Sie den Grundstein für späteres, freudiges Kommen auf Ruf legen!

Doch es kommt der Punkt, an dem der Welpe nicht mehr zuverlässig kommt. Er stellt die Ohren auf Durchzug und lässt sich auch von Versteckspielchen und Wegrennen nicht mehr beeindrucken. Sei es, dass er grundsätzlich lieber seine eigenen Entscheidungen trifft, sei es, dass es nur bestimmte Auslösereize gibt, bei denen der Welpe nicht mehr hört – wie zum Beispiel der Anblick anderer Hundekumpels, flatternder Vögel, Essenreste auf dem Weg, joggender oder radfahrender Passanten. Dann ist es mit dem Freilauf vorbei und Sie müssen auf eine von anfangs 5 Meter, später 10 Meter Länge Schleppleine umstellen.

Der Welpe darf über viele Wochen und Monate hinweg nie mehr die Erfahrung machen, gerufen zu werden, ohne dass Sie das Kommen auch durchsetzen können. Es geht nicht einfach nur darum, dass er Ihnen nicht abhaut und sich oder andere in keine Gefahr bringt. Es geht auch darum, dass er die Erfahrung machen muss, dass letztlich Sie über seinen Aktionsradius entscheiden und er sich fügen muss. Sie sollen nun aber nicht nur rufen, wenn es die Situation erforderlich macht, sondern ihn auf den gemeinsamen Spaziergängen immer wieder – eben gesichert über die Leine – zu sich rufen und dann toll belohnen. Anfangs rufen Sie gerade in ablenkungsarmen Situationen. Das Prinzip dabei ist: Steigerung der Entfernung, die der Welpe weg ist, wenn Sie ihn rufen und Steigerung der Ablenkungsbedingungen, unter denen Sie ihn rufen.

Mittels Gehen an der langen Leine soll der Welpe zudem darauf trainiert werden, sich an Ihnen zu orientieren, zu schauen, ob Sie die Richtung wechseln, irgendwo abbiegen oder stehenbleiben.
Wechseln Sie daher häufig ohne Ansage die Richtung, bleiben Sie stehen, biegen Sie ganz anders als vom Welpen gewohnt an einer Wegkreuzung ab. Wenn Ihr Welpe Ihnen folgt, aber keinen direkten Kontakt zu Ihnen sucht (zum Beispiel einen Meter neben Ihnen im Gras schnüffelt): Ignorieren Sie ihn auch. Wenn er dicht aufschließt und Blickkontakt sucht: Loben. Grundsätzlich darf sich der Welpe im gesamten Radius, den ihm die lange Leine bietet, frei bewegen, stehen bleiben, mal sprinten, mal zurückbleiben, mal vorpreschen und auch die Seiten wechseln. Sobald er jedoch das Ende der Leine erreicht hat und zieht: Stehenbleiben und erst weitergehen, wenn sich die Leinenspannung lockert, was in der Regel dadurch geschieht, dass der Welpe sich nach Ihnen umdreht. Andere Variante: Sie wechseln kommentarlos die Richtung und gehen erst dann in die Ursprungsrichtung weiter, wenn der Welpe folgt. Wichtig: Sie machen nicht nur Richtungswechsel, wenn Ihr Welpe unaufmerksam wird, sondern auch einfach so aus heiterem Himmel,um ihn zu verwirren und zu verstärkter Aufmerksamkeit zu zwingen.

Sie üben das Rufen gesichert über die lange Leine: Immer gilt: Sehr hohe, freudige Stimme, eher piepsende Töne, Strahlen im Gesicht. Entweder Sie hocken sich sofort auf die Erde oder Sie rennen rückwärts vom Welpen weg. Sobald er anfängt, auf Sie zuzulaufen, loben Sie ihn mit Worten wie zum Beispiel »Fein komm«, animieren ihn stimmlich weiter. Ist er bei Ihnen angekommen, sollten Sie sich in den ersten Wochen in der Hocke befinden. Sie sollten niemals die Arme nach ihm ausstrecken, nie versuchen, ihn im Halsband zu packen – oder gar im Fell – und dann zu sich hinziehen. Das wird dazu führen, dass der Welpe entweder gar nicht kommt oder sich auf Armeslänge um Sie herum bewegt, gerade immer so weit entfernt, dass Sie ihn nicht erreichen können. Halten Sie Ihre Hände dicht am Oberkörper. Dort, ganz eng und körpernah muss sich Ihr Welpe die Belohnung abholen. Sei es ein Futterbrocken, sei es, dass Sie dort sein Spielzeug halten und dann ein Spiel beginnen. Wichtig: Sie rufen ihn immer mal wieder – einfach so – und nicht nur dann, wenn Sie ihn von etwas wegholen oder den Spaziergang beenden wollen.

Nun wird es natürlich passieren, dass der Welpe auch beim tollsten Rufen nicht kommt, weil er »Besseres« vor hat. Und hier kommt jetzt die lange Leine ins Spiel: Sie wiederholen den Ruf nicht, sondern holen einfach die Leine ein, bis der Welpe bei Ihnen angekommen ist. Sie sollen Ihrem Welpen dabei keinen Ruck verpassen nach dem Motto: »Wer nicht hören will muss fühlen«, sondern Sie hangeln den Welpen einfach zu sich heran. Bei sehr störrischen Exemplaren kann das leider so aussehen, dass Sie ihn regelrecht gegen seinen Widerstand zu sich hinziehen müssen. Aber da müssen Sie beide durch. Selbstverständlich wird der Welpe dann nicht belohnt, wenn er da ist, er ist ja nur aufgrund von Zwang da! Er muss sich dann kurz hinsetzen, abwarten, bis Sie ihm die Erlaubnis geben, wieder laufen zu dürfen.

Der Welpe lernt so: Komme ich sofort auf Ruf, gibt es meistens eine Belohnung und ich darf sofort wieder losrennen. Komme ich nicht, habe ich gar nichts davon, denn ich werde trotzdem daran gehindert, dorthin zu laufen, wo ich hin möchte. Ich bekomme keine Belohnung und muss dann auch noch abwarten, bis es endlich weitergehen kann. Also: Sofortiges Kommen lohnt sich, Ignorieren des Rufens lohnt sich nicht.

Ruftraining meint daher letztlich zwei Komponenten: Zum einen lernt der Welpe, dass es total toll ist, wenn sein Mensch ihn ruft. Es gibt Futter, es wird gespielt, man wird gestreichelt. Zum anderen lernt der Welpe, dass er gar keine Chance hat, nicht zu kommen. Das jedoch setzt voraus, dass Sie als Mensch sehr umsichtig agieren: Sie dürfen niemals rufen, wenn Sie das Kommen nicht auch sofort durchsetzen können, und das geht nun mal nur, wenn man mit der Leine arbeitet. Und damit sind wir wieder beim häuslichen Rufen: Wenn Sie die Erfahrung gemacht haben, dass Ihr Welpe in bestimmten Situationen nicht kommt, wenn Sie ihn rufen, beispielsweise wenn er gerade auf seinem Kauknochen knabbert, dann sollten Sie auf das Rufen verzichten und zu ihm hingehen. Welpen, die sich im Haus nahezu permanent entziehen, kann man eine sogenannte Hausleine anmachen. Das ist eine dünne, leichte Schnur von ca. zwei Metern Länge ohne Handschlaufe. So kann man sich den Welpen angeln, falls er auf freundliches Rufen nicht reagiert. Diese Hausleine darf der Welpe aber nie tragen, wenn er unbeaufsichtigt ist, denn die Gefahr ist zu groß, dass er irgendwo hängen bleibt.

Schau mich an

Eine der wichtigsten Übungen, die Sie sofort mit Ihrem Welpen üben sollten, ist das Anschauen auf ein Signal hin. Damit ist gemeint, dass der Welpe Blickkontakt mit Ihnen aufnimmt und diesen hält. Hierfür sollte ein anderes Wort als nur sein Name benutzt werden, denn wie oft benutzt man den Namen des Welpen, ohne jetzt aber unbedingt zu wollen, dass er uns anschaut. Man sagt zum Beispiel »Bronco, geh da weg«, »Bronco Aus«, etc. Das Anschauen auf ein Signal hin ist im Hinblick auf zwei Situationen für Sie von Bedeutung. Erstens: Sie wollen Ihrem Welpen etwas beibringen und brauchen dafür natürlich seine gesammelte Aufmerksamkeit. Zweitens: Sie wollen die Aufmerksamkeit Ihres Welpen von einer Sache weglenken, von der Sie wissen, dass der Welpe

Schau mich an

früher oder später hinrennen und irgendeinen Unsinn verzapfen wird. Welpen das Schauen beizubringen ist kinderleicht: Anfangs hocken, später stehen Sie frontal vor Ihrem Welpen. Sie haben wieder ein köstliches Leckerchen in der Hand und halten dem Welpen dieses direkt vor die Nase. Interessiert er sich dafür, führen Sie diese Hand schnell hoch, bis sie zwischen Ihren eigenen Augen gelandet ist. Hat der Welpe diese Bewegung voll und ganz mit vollzogen und blickt in Richtung Ihrer Augen, wo sich das Leckerchen in der Hand befindet, sagen Sie ein überaus freudvoll ausgesprochenes »Schau« und stecken ihm blitzschnell mit eben dieser Hand das Leckerchen zu. Dann geht das Spiel von vorne los. Falls Ihr Welpe Ihrer Hand nicht folgt oder mit seinen Blicken irgendwo hängenbleibt, kommentieren Sie das nicht, sondern beginnen von vorn. Sie manövrieren so letztlich Ihren Welpen dazu, zu Ihnen hoch in die Augenrichtung zu schauen. Diese Handlung wird mit dem »Schau« belegt. Dieses wird niemals streng ausgesprochen, sondern immer freudig, aufmunternd. Es gibt immer eine Belohnung. Nach wenigen Tagen hat Ihr Welpe begriffen, dass es sich lohnt, Ihnen in die Augen zu schauen, wenn Sie dieses Signal geben.

Achtung: Verwenden Sie das Signal niemals, wenn Sie mittels drohender Blickfixierung Ihrem Welpen zu verstehen geben wollen, dass er etwas Verbotenes getan hat. Das starre Blicken in die Augen des Gegenübers ist in der Hundesprache eine Drohgeste. Das freundliche Anschauen zwischen Mensch und Hund soll nichts Bedrohliches enthalten, sondern ausschließlich Ausdruck von interessierter Zuwendung sein.

Anständig an der Leine gehen

Das immer wieder anzutreffende Bild ist ein Hundehalter, der von seinem Hund durch die Gegend gezogen wird, brav überall dort stehenbleibt, wo sein Hund schnuppern will, dann wieder fliegt er ruckartig hinter seinem Hund her. Weil das Gezogenwerden von kleinen, leichten Welpen noch nicht wirklich wehtut, korrigieren die wenigsten Hundehalter ihren Welpen, wenn er zieht. Man denkt sich, irgendwie wächst sich das schon noch aus. Doch nix wächst sich aus. Im Gegenteil: Die Kraft des Hundes – jedenfalls bei mittelgroßen oder gar großen Hunden – nimmt ständig zu. Es wird unangenehm bis regelrecht schmerzhaft, mit dem Hund an der Leine zu gehen. Dann wird angefangen, unsachgemäß immer mal wieder an der Leine zu rucken oder man läuft im Dauerzug hinterher. Der Hund lernt, die Halsmuskulatur im richtigen Moment anzuspannen, so machen ihm die Rucke immer weniger aus. Also steigen die Besitzer auf das nächste Halsband um. Aus dem ursprünglichen Stoffhalsband wird ein Würgehalsband, aus dem

Gehen an der Leine will geübt sein

Stoffwürger wird ein Kettenwürger und schließlich der Stachelwürger, der heute vornehm verbrämt unter dem Namen »Erziehungshalsband« läuft. Oder dem Hund wird eine Art Brustgeschirr angelegt, was ausschließlich darüber wirkt, dass die dünnen Seile unter den nicht behaarten Achseln des Hundes die dortige Haut aufschürfen. Damit der Hund die so entstehenden Schmerzen nicht mehr spürt, zieht er nicht mehr – so die Idee. Was man von der tierschutzrechtlichen Seite dagegen einzuwenden hätte ist die eine Seite. Die andere Seite ist die, dass diese Methoden oft auch nicht fruchten: Der Hund wird ständig mit Schmerzen traktiert und stumpft irgendwann auch dagegen ab. Das alles ist nicht nötig, wenn Sie Ihren Welpen von Anfang an behutsam aber konsequent mit viel Geduld an die Leinenführigkeit gewöhnen.

Kein Welpe ist begeistert, von diesem komischen Ding gegen seinen Willen festgehalten zu werden. Man muss sie daran gewöhnen. Am besten legen Sie ihm die Leine in der Wohnung an, wenn er sich gerade ausgetobt hat und dann lassen Sie sich von Ihrem Hund an der Leine führen. Es ist möglich, dass er sofort bockt und Purzelbäume schlägt. Ziehen Sie ihn dann bitte nicht gnadenlos hinter sich her. Bleiben Sie vielmehr stehen, sprechen Sie ruhig mit ihm und locken ihn. Wenn er dann kommt, lockert sich die Leine, was er als angenehm verspürt. Der Trick ist, dass der Hund begreift, dass die Leine nur unangenehm wird, wenn er sich in einer bestimmten Weise verhält, aber an sich nichts Bedrohliches ist. Später geht man mit der Leine nach draußen. Wenn man die Leinenführigkeit trainiert, sollte man in den ersten Lebensmonaten darauf achten, dass der Welpe sich dann stets an der gleichen Seite von Ihnen aufzuhalten hat, also entweder immer links neben Ihnen oder immer rechts neben Ihnen. Wo der Hund läuft, bleibt Ihnen überlassen. Den Hund links zu führen hat zwei Vorteile: Erstens: Dies ist die dem Verkehr abgewandte Seite (wenn man sich an die Regel hält, stets dem Verkehr entgegen zu gehen). Zweitens: Wenn Sie später einmal Hundesport betreiben wollen, wird in Prüfungen Linksgehen des Hundes verlangt.

Wenn Sie Ihren Welpen links führen wollen, halten Sie die Leine in der rechten Hand, um die linke Hand frei zum Loben zu haben. Die ersten Gänge sind aber nie zielgerichtet in dem Sinne, dass Sie einen bestimmten Punkt erreichen wollen, sondern es geht um das gemeinsame Erkunden der Umwelt und das Erlernen der Leinenführigkeit. Bleibt der Hund zurück, locken ihn mit hoher freundlicher Stimme, zeigen Sie ihm ein Spielzeug oder Leckerchen und gehen einfach ein paar Schritte schneller. Es gibt jedoch auch die Fälle, in denen der Welpe einfach auf stur stellt. Zum Beispiel, weil Sie rechts abbiegen wollen, er aber weiß, dass es linksrum zur Hundespielweise geht, und da will er hin. In einem solchen Fall gehen Sie einfach nach erfolgloser Ansprache des Welpen kommentarlos weiter und ziehen ihn mit.
Aber Vorsicht: Man muss sich schon sehr sicher sein, dass der Welpe nicht deswegen blockiert, weil er zum Beispiel schlicht und einfach zu kaputt ist, um weiterzulaufen oder weil ihn in der Situation etwas ängstigt, weswegen er sich nicht weitertraut. Ihn in beiden Fällen weiterzuziehen, wäre absolut unangemessen!
Meistens besteht das Problem jedoch darin, dass der Welpe nach vorn zieht.
Die Lösung dieses Problems ist im Prinzip einfach – oder wäre es, wenn wir Menschen nicht immer so fahrlässig inkonsequent wären: Sie gehen niemals – und niemals heißt niemals! in die Richtung mit, in die Ihr Welpe gerade zieht. Also weder nach vorne, noch zur Seite, noch nach hinten. Bleiben Sie kommentarlos stehen und gehen Sie erst weiter, wenn sich die Leinenspannung lockert. Diese Lockerung geschieht in der Regel dadurch, dass der Welpe sich zu Ihnen dreht, um zu gucken, warum es nicht weitergeht. Sehr hartnäckige Welpen aber bleiben stocksteif stehen, drehen sich nicht um, lockern nicht die Spannung. In diesem Fall machen Sie auf dem Absatz kehrt und gehen in die dem Zug des Welpens entgegengesetzte Richtung kommentarlos davon. Sobald der Welpe folgt (ihm bleibt ja nichts anderes übrig) drehen Sie ebenso kommentarlos wieder um und gehen in die ursprüngliche Richtung weiter.
Sinn dieser Übung: Der Welpe lernt, dass sein Ziehen ihn nicht zum Erfolg bringt. Er kommt nicht dorthin, wo er hinwill. Voraussetzung für diesen Lernerfolg ist jedoch Ihre absolute Konsequenz und ein korrektes Timing: sofort stehenbleiben/umdrehen, wenn sich die Leine spannt, sofort in die Ursprungsrichtung weitergehen, wenn sich die Spannung lockert.

Es gibt nun verschiedene Techniken, die man kombiniert anwenden sollte, um dem Welpen von Anfang an beizubringen, dass er keinen Erfolg mit dem Ziehen hat und dass Sie es sind, der Richtung und Tempo eines Ganges bestimmt:

Variante 1, »Leckerchenmethode«
Eine Methode, die dem Welpen das An-der-Leine-Gehen erst einmal im wahrsten Sinne des Wortes »schmackhaft« macht, ist jene, dem links laufenden Welpen in der linken Hand ein Leckerchen direkt vor die Nase zu halten und dann loszugehen, die Hand bleibt dabei immer auf Nasenhöhe des Hundes und dicht am eigenen Körper. Der Welpe folgt dem Leckerchen, das er nach einigen Schritten bekommt, woraufhin ihm gleich das nächste vor die Nase gehalten wird. So kann der Welpe das An-der-Leine-Gehen mit etwas Positivem verknüpfen. Man kann dabei stets das Wort sagen, was

man sich für die Leinenführigkeit ausgedacht hat, zum Beispiel »Leine«.

Die Methode funktioniert so lange, wie der Welpe Hunger hat und/oder nichts anderes in der Nähe ist, was ihn interessiert. Sie kann aber nicht als einzige Methode angewandt werden! Der Welpe muss lernen, dass das Signal »Leine« auch dann gilt, wenn ihm anderes wichtiger ist.

Die Leckerchenmethode ist gut für den Einstieg. Sie kann dadurch abgeändert werden, dass man irgendwann die Leckerchenhand nicht mehr vor der Nase des Hundes hat, sondern ihm einfach zeigt, dass man etwas in der Hand hält. Sie kann und sollte dann gewählt werden, wenn der Welpe in der Lernphase in eine Situation kommt, die so ablenkungsreich ist, dass die nachfolgenden Methoden vermutlich nicht fruchten können. Aber sie kann niemals die Dauerlösung sein.

Variante 2, »Stehen bleiben«

In dem Moment, in dem der Welpe zieht, bleiben Sie einfach stur stehen, gucken in den Himmel und tun so, als wäre der Welpe gar nicht da. Irgendwann wird der Welpe ungeduldig, weil er ja nach vorne weiter will, er dreht sich um, kommt auffordernd zu Ihnen zurück. In dem Moment lockert sich die Leine und Sie gehen weiter, bis er wieder zieht. Wichtig ist dabei das exakte Timing: Sie müssen sofort stehen bleiben, wenn er zieht und sofort weitergehen, wenn er nicht mehr zieht!

Wenn Sie die Nerven behalten und einfach immer stehen bleiben, wenn der Welpe zieht, lernt der Welpe, dass er seinem größten Ziel: Nämlich irgendwo da vorne hinzukommen, keinen Schritt näher kommt, wenn er an der Leine zerrt. Im Gegenteil, dann dauert es endlos lang. Sie können jedoch u. U. für eine Strecke von 50 Metern auf diese Art und Weise 15 Minuten brauchen.

Variante 3, »Richtungswechsel«

Ebenfalls sehr wirksam sind plötzliche Richtungswechsel: Wenn der Welpe in eine Richtung zerrt, drehen Sie einfach kommentarlos um und gehen in die genau entgegengesetzte Richtung. Der Welpe muss wohl oder übel mit. Läuft er wieder brav, gehen Sie wieder in die ursprüngliche Richtung. Beginnt er wieder zu ziehen, geht das Spiel von vorne los. Auch hier gilt: Auf Ihr Timing kommt es an und darauf, dass Sie noch ein wenig sturer sind als Ihr Welpe

Variante 4, »Irritationslaufen«

Genau wie zum Gehen an der Schleppleine beschrieben, wechseln Sie häufig die Richtung, laufen Zick-Zack, gehen schneller, dann langsamer. Im Unterschied zu den Varianten 1 und 2 machen Sie das nicht nur als Reaktion darauf, dass der Welpe zieht, sondern auch, wenn er locker läuft, um die Orientierung an Ihnen zu schulen: Der Welpe wird so aufmerksamer, passt besser auf, wo es lang geht.

Variante 5, »Blocken«

Wann immer Sie eine Begrenzung des Weges durch eine Mauer, einen Zaun, eine Hecke, etc. haben, können Sie mit dem »Blocken« arbeiten: In dem Moment, in dem Ihr Welpe ungestüm vorschießt, stellen Sie das ihm zugewandte Bein so seitwärts vor ihn, dass er nicht vorbeikommt. Gleichzeitig greifen Sie mit der linken Hand in die Leine, so dass er damit nicht so viel Spiel hat. Diese Form der kommentarlosen Bewegungseinschränkung hilft vor allem gut bei sehr störrischen Dauerzerrern.

Variante 6, »Linkskreise gehen«

Hierbei drehen Sie auf der Stelle kleine Kreise. Wenn Ihr Hund auf Ihrer linken Seite läuft, halten Sie die Leine kurz und drehen sich gegen den Uhrzeigersinn auf der Stelle. Dabei können Sie den Welpen, wenn er nicht mitdreht, mit dem linken Bein zur Seite schieben. Auch diese Form der Bewegungseinschränkung ist bei vielen Welpen äußerst wirksam und dazu angetan, ihre Aufmerksamkeit wieder auf ihren Menschen zu richten.

Freifolge mit dem Welpen

Wann immer Ihr Welpe locker neben Ihnen läuft, sollten Sie ihn stimmlich belohnen und ihm in Abständen ein Leckerchen als Belohnung geben.

Versuchen Sie, mit Ihrem Hund richtig zu kommunizieren: Sie sprechen fröhlich mit ihm, wenn er gut geht und agieren körpersprachlich, wenn er zieht. Wenn Sie mit Ihrem Hund wirklich im Kontakt sind, können Sie ihn in seiner Leinenführigkeit besser beeinflussen.

Wenn Sie so interessant mit ihm reden, ihn animieren und immer mal wieder eine Belohnung springen lassen, kommt er weniger häufig auf die Idee, irgendwo hinziehen zu wollen.

Nein

Dem Welpen muss ein Verbotswort vermittelt werden, das signalisiert: Stopp mit dem, was du da gerade tust. Die Tapete herunter zu reißen, den Blumenkübel umzugraben, an der Tischdecke zu ziehen, um an das Käsebrot zu kommen, an Besuchern hochzuspringen, den laufenden Kindern in die Hacken zu zwicken.

Natürlich kann kein Welpe, dem Sie ein »Nein« entgegenbrüllen, während der gerade Teppichschlingen herauszupft, wissen, was Sie meinen. Um zu begreifen, dass er eine Handlung beenden soll, braucht es zweierlei:
Erstens sollte das Nein in einem entschiedenen, tiefen Tonfall ausgesprochen werden. Nicht langgezogen, nicht piepsend, das zweite »N« nicht stimmlich hochziehend. Statt dessen ein kurzes, scharfes, tiefes Nein mit Absenkung der Stimme zum zweiten »N« hin. Tiefe Töne stehen in der Hundesprache für Bedrohung, für »schlechte Luft«.

Zweitens: Sie müssen Ihren Welpen in dem Moment, indem er etwas Verbotenes tut, sofort in seiner Handlung unterbinden. Zupft er also gerade die Teppichflusen heraus, funktioniert es nicht, wenn Sie ihm vom Sofa aus »Nein« zurufen. Sie müssen sich schon bequemen, aufzustehen, zum Welpen hinzugehen und ihn in dem Moment, in dem Sie ihn von den Teppichflusen weg hochheben, das entschiedene »Nein« sagen.

Geschickter Weise wartet man nicht einfach auf solche Konstellationen, sondern man trainiert das Nein ganz gezielt: Nehmen Sie zum Beispiel Ihren Welpen an eine kurze Leine. In der anderen Hand halten Sie ihm wortlos ein Leckerchen auf der offenen Handfläche hin. Ihr Welpe wird Anstalten machen, dieses fressen zu wollen. Indem Moment schließen Sie die Hand zur Faust, halten den Welpen mittels der Leine von dieser Hand zurück und sagen gleichzeitig »Nein«. Dann wird die Hand wieder geöffnet.

Der Welpe will wieder fressen. Die gleiche Prozedur wiederholen Sie von vorn. Sie wiederholen das solange, bis der Welpe keine Anstalten mehr macht, zum Leckerchen zu wollen und an lockerer Leine neben Ihnen sitzt oder steht. Dann bewegen Sie die Hand mit dem Leckerchen aktiv zu ihm hin und bedeuten ihm mit einem freundlichen »Nimm«, dass er das Leckerchen nehmen darf.

Aus

Es kann für Ihren Welpen zu einer Überlebensnotwendigkeit werden, dass er das Signal »Aus« kennt und entsprechend befolgt. Damit meine ich, dass er anstandslos etwas, was er im Fang hat, wieder fallen lässt. Zumindest sollte er es sich ohne Gegenwehr aus der Schnauze nehmen lassen.

Der Grundfehler, den viele Halter machen, ist der, dass man an dem, was der Welpe in der Schnauze hält, beginnt, zu ziehen, in der Hoffnung, dass der Welpe loslässt. Das führt aber nur dazu, dass der Welpe umso fester hält. Stattdessen sollte man anfangs über einen Tauschhandel arbeiten: Man bietet dem Welpen etwas anderes, attraktiveres an. Fast alle Welpen sind so gestrickt, dass sie das Angebotene dann auch noch haben wollen und öffnen Ihre Schnauze, wobei das, was sie noch darin tragen, heraus fällt. In dem Moment sagen Sie »Aus« und loben den Welpen. Sehr häufig wiederholt führt das dazu, dass der Welpe begreift, was Sie mit dem Wörtchen überhaupt meinen. Der Clou ist nun, dass der Welpe sowohl das bekommt, was Sie ihm zum Tausch angeboten haben, als auch das, was er zuvor gehabt hat.
Was folgt daraus: Sie bieten ihm häufig immer mal diesen Tauschhandel an – und eben nicht nur dann, wenn er sich gerade mit Ihrem teuren Schuh davon machen will – den Sie ihm nach erfolgten Tausch natürlich nicht wieder geben. Der Welpe lernt so, dass sich »Aus« lohnt, weil man in der Regel zwei Sachen behalten darf!

Sitz – eine der einfachsten Übungen

Sitz

Dieses Signal meint, dass der Hund sich sofort hinsetzen und erst wieder aufstehen soll, wenn Sie ihm das sagen. Diese Übung ist relativ leicht zu bewerkstelligen, weil der Welpe ans Sitzen bereits gewöhnt ist: Wenn sie älter sind, sitzen sie teilweise zum Säugen unter der stehenden Mutter. Der Welpe verbindet daher mit der sitzenden Position grundsätzlich eher angenehme Gefühle, was die Wahrscheinlichkeit erhöht, dass er diese Position auch von sich aus gerne einnimmt. Sie können nun zum einen darüber arbeiten, dass Sie immer exakt in dem Moment, in dem der Welpe sich hinsetzt, freundlich »Sitz« sagen. Dann folgt Ihr Lobewort (zum Beispiel »Fein«), das Auflösungszeichen, wie zum Beispiel »Okay«, was bedeutet, dass die Übung beendet ist. Dann erhält er ein Leckerchen. Da Hunde aber mindestens 1000 Wiederholungen brauchen, bis sie eine feste Verbindung zwischen Hörzeichen/ Sichtzeichen und Verhalten geknüpft haben, würde es lange dauern, dem Welpen das Sitz auf Signal hin beizubringen, wenn man immer nur darauf warten würde, bis er sich von sich aus setzt. Daher sollten Sie immer mal wieder am Tag - erstmal ohne Ablenkung! – das Sitzen mit ihm konkret üben. Sie können es ihm beibringen, indem Sie sich vor ihn hocken und in der Hand etwas Interessantes wie Spielzeug oder Leckerchen hochhalten. Der Kleine guckt jetzt erwartungsvoll. Sie bewegen das Objekt seiner Begierde direkt über seinen Kopf in Richtung seines Popos. Der Hund folgt mit seinen Augen nach oben, legt den Kopf in den Nacken und landet dadurch meist automatisch auf seinem Popo. Genau in dem Moment sagen Sie »Sitz«. Die Kleinen haben es sehr schnell raus und bald genügt es, wenn Sie zur Unterstützung nur noch die Hand heben. Sitzt er, wird er gelobt, bekommt sein Leckerchen. Lassen Sie ihn anfangs nach ein, zwei Sekunden laufen, denn er ist noch zu ungestüm, um länger sitzen zu bleiben. Wichtig ist beim Sitz – wie bei allen anderen Signalen auch – es durch ein »Auflösungszeichen« wie zum Beispiel »Okay« wieder aufzuheben, d.h.: Der Welpe bekommt gesagt, dass die Übung jetzt beendet ist. Das ist ganz wichtig, denn Sie wollen mit dem Sitzsignal ja nicht, dass Ihr Welpe sich nur mal kurzfristig hinsetzt und gleich wieder aufsteht, sondern er soll warten, bis er die Erlaubnis für das Aufstehen bekommt.

Platz

Beim Platz liegt der Hund gerade auf seinem Brustkorb, die Hinterläufe sind unter seinem Bauch, die Vorderläufe nach vorn ausgestreckt. Manche Hunde verlagern ihr Gewicht auf die Seite, manche knicken

Platz übt sich gut mit dem müden Welpen

einen Vorderlauf ein. Von der Warte des korrekten Hundesports aus wären das Fehler. Ich denke jedoch, dass es für den Familienhund reicht, dass er sich hinlegt und stabil in der Position bleibt, bis man ihm das Aufstehen erlaubt.

Es gibt zwei gute Methoden, dem Welpen das Platz beizubringen:
Erstens: Man sagt dem Hund zunächst »Sitz«. Dann hält man ihm die rechte, geschlossene Hand, in der sich köstlich duftender Käse befindet, vor die Nase und führt sie vor der Brust des Hundes rasch senkrecht auf den Boden und dann am Boden entlang nach vorne. Man muss ein wenig üben, um herauszubekommen, wie weit man die Hand am Boden nach vorne führen muss. Führt man sie zu weit, kann der Welpe sie im Liegen nicht erreichen und steht auf. Führt man sie zu kurz, muss der Welpe einen Buckel machen und kann sich gar nicht hinlegen, wenn er an die Hand will. Ist der Hund zu Boden geglitten, sagt man ein gedehntes »Plaaaatz«. Liegt der Hund, öffnen Sie die Hand vor seiner Nase, und er darf sich bedienen. Danach geben Sie ihm ihr Auflösungszeichen und er darf aufstehen. Damit er nicht sofort aufsteht, sollten Sie Ihre Leckerchenhand wirklich direkt auf dem Boden halten. Sie können mehrere Leckerchen da drin halten und ein Leckerchen nach dem anderen aus der Hand freigeben.
So wird Ihr Welpe animiert, länger liegen zu bleiben, weil er die Erwartungshaltung hat, dass da unten noch etwas Tolles auf ihn wartet.
Diese Methode ist für jeden Halter schnell zu erlernen. Nur klappt sie nicht bei allen Welpen, denn viele Welpen stehen in dem Moment auf, in dem man die Leckerchenhand zum Boden geführt hat und nun beginnt, sie auf dem Boden nach vorne zu ziehen.
Oder die Welpen gehen zwar mit den Vorderbeinen runter, ihr Po bleibt aber oben schweben.
In diesen Fällen muss man auf die zweite Methode umsteigen: Die Krabbelmethode:
Sie setzen sich entweder auf die Erde und winkeln beide Beine an, oder Sie hocken sich hin und strecken ein Bein von sich. Der Welpe befindet sich auf Ihrer einen Körperseite, nehmen wir mal an links. Dann führen Sie Ihren rechten Arm unter Ihren Beinen/Ihrem Bein durch und zeigen dem Welpen das Leckerchen. Wenn der interessiert daran schnuppert, ziehen Sie Ihren Arm wieder langsam unter dem Bein/den Beinen zurück, der Welpe will hinter dem Leckerchen her und beginnt, unter Ihren Beinen hindurch zu krabbeln. Wenn er mit der Hälfte seines Körpers durchgekrabbelt ist, senken Sie die Beine/das Bein sanft ab, so dass er sich ganz auf den Boden legen muss. In dem Moment sagen Sie »Platz« Diese Methode erfordert mehr Geschicklichkeit von Ihnen, aber sie führt schnell zum Ziel. Nach kurzer Zeit können Sie Ihren Welpen ins Platz bringen, indem Sie nur die Leckerchenhand entsprechend abwärts bewegen wie in Methode 1 beschrieben.

Achten Sie von Anfang an darauf, dass stets Sie bestimmen, wann er wieder aufsteht. Je älter der Hund wird, desto länger muss er ans Liegenbleiben gewöhnt werden. Das Platz ist für mich die »Notbremse« in der Hundeerziehung: Erst wenn Sie soweit sind, dass der Hund in jeder Situation und auch auf weite Entfernung von Ihnen auf Ihr Signal hin ins Platz geht, können Sie davon sprechen, Ihren Hund im Griff zu haben.

Ich habe an dieser Stelle aus Platzgründen nur einige wenige, wichtige Signale der Hunderziehung herausgegriffen. Tatsächlich können und sollten Sie mit dem Welpen schon viel mehr einüben – denn er lernt nie wieder so schnell wie jetzt.

Weitere genaue Anregungen dazu finden Sie in meinem Buch: So wird mein Hund zum Freund, das ebenfalls im Müller Rüschlikon Verlag erschienen ist.

»Sie werden staunen, wieviele Dinge Sie Ihrem Hund einfach beibringen können.«

12 Welpentypische Probleme – was mach ich wenn ...?

Schade um den guten Teppich – oder: mit viel Geduld zum stubenreinen Hund

Den meisten frisch gebackenen Hundebesitzern ist es natürlich wichtig, dass so schnell wie möglich keine Häufchen und keine Pipiseen mehr in der Wohnung landen. Aber bevor Sie ungeduldig werden, denken Sie doch mal einen Moment daran, wie lange es bei unseren Menschenkindern dauert, bis die keine Windeln mehr brauchen!

Bestrafung für ein Malheur zerstört nicht nur das Vertrauen des Welpen in Sie, sondern kann sogar dazu führen, dass Ihr Welpe erst recht nicht stubenrein wird, weil er sich in Ihrer Anwesenheit – also zum Beispiel auch auf einem Spaziergang nicht traut – seine Geschäftchen zu machen. Wenn er dann wieder zu Hause angekommen ist und Sie gerade in einem anderen Raum sind, pillert er schnell in Ihrer Abwesenheit. Statt das Sichlösen am falschen Ort zu bestrafen, sollten Sie den Kleinen für das Sichlösen am richtigen Ort belohnen und zwar immer!

Damit es dem Welpen meistens draußen und eben nicht in der Wohnung passiert, ist Ihre Aufmerksamkeit gefragt.

Raus muss der Welpe auch nachts

Die Blase eines Welpen kann nachts in der Regel das Pippi nicht mehr als fünf bis sechs Stunden halten. Das bedeutet, dass Sie in den ersten zwei, drei Wochen nachts mindestens einmal mit dem kleinen Kerl hinausgehen müssen, damit der sich draußen erleichtern kann. Das geht natürlich an die eigenen körperlichen Kräfte, ist aber unbedingt notwendig, wenn der Welpe bald stubenrein sein soll. Lassen Sie Ihren Welpen nachts neben Ihrem Bett schlafen, so merken Sie, wann er unruhig wird und raus möchte. Zuverlässig stubenrein wird ein Hund nur, wenn man ihn wirklich immer hinausbringt, wenn er entsprechende Anzeichen zeigt. Da man sich nicht erst umständlich

Acht Tipps zum stubenreinen Hund

1. *Im Zwei-, später Drei-Stundenrhythmus, hinaustragen, sowie nach jedem Essen und Trinken, nach jedem Aufwachen und nach jedem wilden Spiel*
2. *Immer an die gleiche Stelle setzen*
3. *Wenn der Welpe sich hinhockt und sich löst, begeistert loben, gleich mit dem entsprechenden Wort: »Fein Pipi gemacht, fein Häufchen gemacht«*
4. *Gleiches Verhalten, wenn der Welpe sich auf dem Spaziergang löst.*
5. *Anzeichen für ein bevorstehendes Sichlösen: Der Welpe wird zunehmend unruhig, läuft schnüffelnd über den Boden, dreht sich dabei eventuell im Kreis*
6. *Wenn der Welpe in der Wohnung bereits hockt, trotzdem hochnehmen und hinaustragen*
7. *Sofortige gründliche Reinigung der beschmutzten Stelle im Haus (nicht vor dem Welpen)*
8. *Tierarzt aufsuchen und organische Ursache ausschließen, wenn der Hund nach einigen Wochen immer noch regelmäßig in die Wohnung pillert oder plötzlich »rückfällig« wird.*

anziehen kann, sondern sofort reagieren muss, heißt dies leider manchmal, im Schlafanzug und bloßen Füßen in Hausschuhen im strömenden nächtlichen Regen zu stehen oder durch Schnee waten zu müssen – wenn man sich nicht vorausschauend Schuhe und Mantel bereitgelegt hat.

Denken Sie immer daran: Wenn Ihr Welpe gerade wieder in die Wohnung gepillert hat, sind Sie daran Schuld, denn Sie haben ihn nicht genug im Auge gehabt und/ oder waren schlichtweg zu faul, schon wieder mit ihm hinaus zu gehen. Wenn, dann ärgern Sie sich lieber über sich selbst.
Es gibt keine Faustregel, ab wann ein Welpe stubenrein sein muss. Ich kenne Welpen, die beim neuen Besitzer kein einziges Mal in die Wohnung gemacht haben und schon als achtwöchige Welpen locker vier Stunden durchhalten. Und dann gibt es jene, bei denen insbesondere das Pillern für Monate ein Problem bleibt, und dann urplötzlich von allein weg ist. Also: Wenn auch Sie so einen Welpen haben, der trotz Befolgung aller Tipps immer wieder pillert und der erwiesenermaßen gesund ist: Durchhalten ist die Devise, es wird von allein aufhören!

Ein Trost: Das große Geschäft machen die meisten Welpen bereits nach wenigen Tagen nicht mehr in die Wohnung. Der Grund: Erstens müssen sie nicht so oft ein Häufchen machen. Zweitens ist das Häufchenmachen meist mit so viel Unruhe und »Vorbereitung« des Welpen verbunden, dass auch eher ungeübte Beobachter schnell sehen, was Sache ist und den Welpen früh genug hinaustragen.

Pipi als Geste

Vom »normalen« Pipimachen – aufgrund einer vollen Blase – ist das sogenannte Freuden- und das Unterwerfungspipi zu unterscheiden. Bei ersterem führt eine freudige Erregung einfach dazu, dass der Welpe die Kontrolle über seine Blase verliert und es aus ihm herausläuft. Bei letzterem pillern manche Welpen ihren Besitzern, manchmal auch Besuchern, zu Füßen, wenn diese durch die Tür kommen. Der Welpe will damit beim Menschen sogenannte »Brutpflegeverhaltensweisen« auslösen (in der Wurfkiste putzte bei solchen Gelegenheiten die Mama das Bäuchlein), um den Menschen von eventuell »bösen« Absichten abzulenken. In solchen Fällen muss man das Pipi total ignorieren, den Welpen möglichst auch nicht zusehen lassen, wie man es wegputzt.
Wenn der Welpe die Erfahrung macht, dass ihm Menschen freundlich gesinnt sind, verliert sich dieses Verhalten in der Regel nach kurzer Zeit von selbst. Pillert er nur bei Besuchern, sollte man diese auffordern, den Welpen zukünftig während der ersten Minuten ihres Besuches zu ignorieren.

Die Welt ist zu spannend!

Dann gibt es auch jene Welpen, die grundsätzlich einen See in die Wohnung pillern, wenn man vom Spaziergang nach Hause kommt und die damit ihre Besitzer natürlich ganz schön aufregen. Der Grund für dieses Verhalten kann in drei Ursachen liegen:

Erstens (und am häufigsten): Der Welpe ist von den vielen Eindrücken, die draußen auf ihn einströmen, so überwältigt, dass er schlicht und einfach vergisst, dass er Pipi muss. Kaum nach Hause gekommen und in alt vertrauter Umgebung, sind die Ablenkungsreize weg. Die Blase meldet sich und ist in der Regel schon so überfüllt, dass der Welpe nicht mehr halten kann, und schon ist es passiert.

Zweitens: Der Welpe ist von den Eindrücken nicht nur überwältigt, so dass er seine Bedürfnisse vergisst, sondern er ist regelrecht verängstigt und traut sich nicht, sich irgendwo hin zusetzen, weil er beim Sichlösen natürlich besonders gut angreifbar ist. Er verkneift sich draußen alles, und pillert erst dann wieder, wenn er sich sicher fühlt, in Ihrer Wohnung!

Drittens: Sie haben Ihren Welpen wiederholt bestraft, wenn er in die Wohnung gepillert hat, sei es mit Anschreien, Wegsperren oder dem immer noch nicht ausgerotteten »Nase in den See/die Exkremente stecken«.

Der Welpe hat nun nicht wie von Ihnen gewünscht gelernt, dass er nicht in der Wohnung machen darf, sondern: sich Lösen in der Anwesenheit von Frauchen heißt: Gefahr in Verzug – also abwarten, bis Frauchen nicht in der Nähe ist. Da Sie aber beim Spaziergang in seiner Nähe sind, verkneift er sich alles. Sind Sie dann Zuhause und lassen ihn in einem Raum allein: dann kann er es laufen lassen!

Milchzähnchen sind spitz – Die Beißhemmung erlernen

Wenn Sie mit Ihrem Welpen herumalbern, werden Sie mit Sicherheit auch Bekanntschaft mit seinen spitzen Zähnchen machen. Hunde werden nicht mit einer Beißhemmung geboren, sie müssen diese erst erlernen. Da Hundewelpen nun bevorzugt auch ihr Mäulchen zum Spielen benutzen, lernen sie im Umgang mit ihren Geschwistern, nicht zu fest zuzubeißen. Tun sie das nämlich, reagiert ihr Geschwisterchen mit Schmerzensschreien und Spielabbruch. Damit ist der Spaß vorbei.

Die Beißhemmung muss trainiert werden

Welpen kauen nun spielerisch für ihr Leben gern auch auf unseren Händen herum. Das sollte man ihnen auch auf keinen Fall untersagen.

Aber man darf nicht hinnehmen, dass sie schmerzhaft zwicken. Da wir nicht wie ihre Geschwister mit Fell geschützt sind, tut uns schon eine Behandlung weh, die das Geschwisterchen vermutlich noch ohne zu murren hingenommen hat. Deswegen sollten Sie Ihrem Welpen von Anfang an klar machen, dass er Ihre Hand zwar in den Fang nehmen und darauf knabbern kann, aber bitte zärtlich. Am leichtesten verstehen das die Welpen, wenn Sie übertriebene Schmerzenslaute ausstoßen und sofort mit dem Spielen aufhören, denn diese Reaktion kennen die Welpen von ihren Geschwistern und können sie einordnen.

Anspringen – ein typisches Welpenproblem

Nun gibt es immer ausgesprochen wilde Welpen, die auch dieses nicht besonders stört. Nur bei solch hartnäckigen festen Knabberern sollten Sie Ihrerseits körperlich zur Sache schreiten: Greifen Sie dem Hund mit einer Hand über die Schnauze und sagen Sie ein deutliches »Nein«. Beeindruckt ihn das auch nicht, greifen Sie ihn im Nacken und drücken ihn auf den Boden, wobei Sie ein energisches Nein wiederholen. Aber Vorsicht: Eine solche körperliche Maßregelung sollten Sie erst nach der drei- bis viertägigen Eingewöhnungsphase des Welpen anwenden.

Küsschen oder Kinnhaken? – Das Anspringen abgewöhnen

Je eher es Ihnen gelingt, dem Welpen Vertrauen zu Ihnen einzuflößen, desto eher werden Sie mit einem Problem konfrontiert werden, welches viele Welpenbesitzer zur Verzweiflung treibt: Das Anspringen des Hundes. Hunde begrüßen sich untereinander u. a., indem sie sich mit dem Mäulchen anstupsen. In ihrer Kommunikation mit uns gibt es da nur leider ein entscheidendes Problem: Unser »Mäulchen« ist zu weit oben!

Also muss der Welpe hochspringen, um uns zu begrüßen. Die Lösung des Problems ist also im Grunde einfach: Machen Sie sich für Ihren Welpen klein! Nun gibt es immer Welpen, die bei jedem netten Menschen gleich hochspringen, weil diese Menschen eben nicht gleich in die Knie gehen. Und natürlich kann man auch nicht sein Leben lang in die Hocke gehen, nur damit der Hund nicht springt. Deswegen sollten Sie immer, wenn Ihr Welpe Sie anspringt, kommentarlos eine Vierteldrehung weg von ihm machen. Ist er wieder auf allen vieren gelandet, wenden Sie sich ihm zu. Auf die Art und Weise lernt der Welpe, dass er sein Ziel, nämlich Kontakt zu Ihnen aufzunehmen, nur dann erreicht, wenn er mit allen vier Beinen auf dem Boden steht.

Zum Bettler wird man gemacht – oder wie Sie Betteln verhindern

Viele Hundebesitzer (und vor allem ihre Besucher) leiden unter Hunden, die jegliche Mahlzeit ihres Besitzers mit treuen, bittenden Augen verfolgen, neben dem Tisch sitzend jegliche Bewegung vom Teller bis in den Mund aufmerksam verfolgen oder – weniger dezent – mittels Kläffen und/oder auf den Schoß/Tisch steigen versuchen, sich ihren Anteil des Mahls zu ergattern. Dagegen gibt es ein absolut einfaches Patentrezept. Der Welpe bekommt niemals Essen vom Tisch und auf sein Jaulen, Kapriolendrehen etc. reagiert man einfach mit Nichtbeachtung. Wird er gar zu aufdringlich, wird er in Entfernung zum Esstisch entweder in seine Box verbracht – so er eine hat – und diese geschlossen. Oder er wird ebenfalls in Entfernung zum Esstisch angebunden und muss dort auf seiner Decke bleiben.

Der gute Holztisch – das Kaubedürfnis in geregelte Bahnen lenken

Wenn Welpen Ihre Umgebung erkunden, tun sie das nicht nur, indem sie umherlaufen, sondern sie setzen in Ermangelung von Händen vorzugsweise ihren Kauapparat ein. Bevorzugte Objekte sind Gegenstände aus Holz wie zum Beispiel Tischbeine, die man bequem im Liegen ankauen kann Teppichfransen, an denen man zerren kann. Schuhe, die so herrlich stinken und aus denen man köstlich müffelnde Sohlen herausholen und zerlegen kann. Socken und Unterwäsche, die ebenfalls einen schönen Duft verströmen, in die man seine Nase bohren und die man auf Reißfestigkeit erproben kann.

Sie ersparen sich viel Ärger und in der Beziehung zum Welpen viele unangenehme Auseinandersetzungen,

Das Kaubedürfnis kann z.B. durch Ochsenziemer befriedigt werden

wenn Sie vorausschauend handeln: Teure Teppiche kann man auch mal für ein paar Wochen aufrollen und zur Seite legen. Schuhe gehören in den Schuhschrank; Unterwäsche und Socken in den Wäschekorb. Essen wird nach den Mahlzeiten sofort wieder verstaut; der Mülleimer ist festverschließbar. Unerwünschtes Verhalten kann man am besten dadurch unterbinden, dass man ihm erst gar keine Chancen zum Entstehen gibt.
Nun gibt es natürlich »Gefahrenquellen«, die man nicht hochstellen, aufrollen oder wegschließen kann, wie zum Beispiel das erwähnte Tischbein. Natürlich sollte der Welpe auch lernen, auf ein entsprechendes Signal hin etwas zu unterlassen. Sehen Sie zum Beispiel, wie Ihr Racker gerade dabei ist, sein Kaubedürfnis am Tischbein abzureagieren, gehen Sie hin, sagen ruhig »Nein« zu ihm, tragen ihn an eine andere Stelle im Wohnzimmer und geben ihm dort ein Alternativspielzeug wie einen Büffelhautknochen, einen Pappkarton etc. Rast er wieder zum Tisch zurück, wiederholen Sie die Aktion noch einmal. Beim dritten Versuch wird Ihre Stimme dann sehr viel energischer.

Wo bist du? Das Alleinbleiben üben

Durch dieses ganze Buch zieht sich der Hinweis, dass Hunde hochsoziale Tiere sind, die in der Regel in Rudelgemeinschaften leben. Zieht ein Welpe bei einem Menschen ein, so bilden die beiden ab sofort eine Rudelgemeinschaft. Der Welpe muss in kleinen Schritten ans Alleinbleiben gewöhnt werden. Von Natur aus würde er die ersten Lebensmonate überhaupt nicht allein verbringen, denn stets sind Geschwister, und/oder Mama und/oder Babysitter da! Wir verlangen ihm also etwas ab, was er in den ersten 4,5 Monaten normalerweise überhaupt nicht kennen würde.
Um so wichtiger ist es, das Alleinbleiben in kleinen Schritten zu üben. Allein lassen beginnt in der Wohnung – indem Sie z.B. alleine duschen gehen und der Welpe vor der Tür warten muss, der Welpe nicht mitkommen darf, wenn Sie den Müll hinausbringen etc. Auch die generelle Einrichtung einer Tabuzone, die er nicht betreten darf – bei manchen Leuten ist das das Bad, bei anderen das Kinderzimmer, kann hilfreich sein. Auch die Übung, auf seiner Decke zu bleiben, während die Familie zu Mittag isst, fällt hier mit hinein.

Das Verlassen der Wohnung sollte anfangs nur minutenweise vorgenommen werden mit sich stetig langsam steigernder Abwesenheit.

Wichtig: Niemals große Verabschiedungsszenen und niemals große Begrüßungsszenen veranstalten, weil beide die Welpen nur darin bestärken würden, dass Ihr Weggang eine ganz große Sache ist! Tun Sie so, als wenn nichts Besonderes passieren würde.

Geborgenheit schenken ist wichtig – trotzdem muss der Welpe alleine bleiben

Autofahren ist für manche Welpen eine Qual

Mir wird schlecht – Autofahren üben

Ein guter Züchter hat Ihren Welpen schon ans Autofahren gewöhnt, so dass dieser keine Angst mehr hat. Aber für viele Welpen ist Autofahren etwas völlig ungewöhnliches. Wie beim Menschen auch gibt es die einen, denen es gar nichts ausmacht und die anderen, denen wirklich schlecht wird. Es gibt kein Patentrezept, wo der Welpe am besten fährt. Eines ist jedoch klar: Der Welpe muss aus verkehrsrechtlichen Gründen so gesichert sein, dass er Sie nicht beim Fahren behindern darf. Das heißt: An einem speziellen Hundesicherheitsgurt, in einer Transportbox, auf der Rückbank, wenn sich eine Trennwand zwischen Fahrer und Rückbank befindet oder auf der Ladefläche des Kombis, die dann nach oben ebenfalls eine Trennwand aus Netzen oder Gittern haben muss. Sehr kleine Hunde fühlen sich oft in einer kuscheligen Box wohler, größere Hunde möchten sich auch mal auf der Seite liegend ausstrecken – da finden Sie mal eine Box, die diesen Bedürfnissen entspricht und in Ihr Auto passt! Einige Tricks zur Gewöhnung gelten für alle Größen: Den Welpen unmittelbar vor der Fahrt nicht zu füttern, häufig mit ihm zu fahren, möglichst nicht nur im Stop-and-Go des Stadtverkehrs, die Fahrt mit einem für den Welpen positiven Erlebnis ausklingen zu lassen.

Auf eventuelles Gejammer und Geschrei, das von hinten zu Ihnen dringt, sollten Sie nicht eingehen. Eine freundliche Ansprache erhält er, wenn er sich ruhig verhält.

Der sehr junge Welpe sollte ins und aus dem Auto herausgehoben werden, damit seine Gelenke nicht durch häufiges Springen zu sehr belastet werden.

Zum Dieb wird man gemacht – oder wie Sie Klauen verhindern

Es gibt Dinge, die Welpen magisch anziehen. Dazu gehört nicht nur das, was man als Welpe als Fressen erkennt, sondern es gehören auch all die Teile dazu, die stark nach ihren Menschen riechen: Das sind zum einen die abgelegten Wäschestücke vom Vortrag, die Schuhe, die im Flur herumstehen, aber auch solche Dinge wie Handys und Fernbedienungen. Sie riechen einfach stark nach uns und sind daher für den Welpen hoch interessant. Da man schlecht zuschauen kann, wie der Welpe gerade einen teuren Lederschuh zerlegt, nimmt das Unglück seinen Lauf: Der Halter rennt zu seinem Welpen, um ihm den Schuh abzunehmen, Der Welpe empfindet das als tolles »Fang-mich-Spiel« und rast Runde um Runde. Damit Sie in eine solch ausweglose Situation gar nicht erst kommen, sollte sich die ganze Familie streng selbst disziplinieren: Schuhe in den Schuhschrank, schmutzige Wäsche in den Wäschekorb, etc. Natürlich soll und muss Ihr Welpe Tabus lernen. Aber es ist ein Riesenunterschied, ob Sie sich am Nachmittag nach der Arbeit explizit den Freiraum dafür nehmen, Ihrem Welpen das »Pfui« beizubringen, ihm eine Extrafalle mit dem Handy auf dem niedrigen Couchtisch stellen und ihn – während er gerade zulangt – in flagranti erwischen und maßregeln. Das ist besser, als wenn Sie morgens vor der Arbeit verzweifelt Ihr Handy suchen (der Bus kommt in zwei Minuten) und das Handy befindet sich immer noch in der Schnauze Ihres Welpen, der durch das ganze Haus tobt.

Hat der Welpe sich einen Schuh geklaut und rennt damit triumphierend durch die Wohnung, laufen Sie nicht hinterher, sondern greifen sich Ihrerseits ein tolles Beuteobjekt und rasen nun selbst unter viel Getöse durch die Wohnung. Der Welpe wird Ihnen folgen und diese Beute ergattern wollen. Dann schlagen Sie ihm ein Tauschgeschäft vor. Will Ihr Welpe seine Beute unter gar keinen Umständen tauschen, greifen Sie entschlossen mit einer Hand über seinen Fang, drücken mit Daumen und Mittelfinger die Lefzen hinter die Eckzähne. Weil es dem Welpen wehtut, macht er das Mäulchen auf, was Sie im selben Moment mit dem Wörtchen »Aus« quittieren.

Futtermäkeligkeit – ich will was anderes!

Wenn ein Welpe mal nicht frisst, gibt das Welpenbesitzern gleich Anlass zur Besorgnis – der Kleine muss doch noch wachsen und daher viel fressen. Nun, natürlich ist es ein Warnzeichen, wenn der Welpe tagelang jegliches Futter verweigern würde. Verweigert er nur sein normales Trockenfutter, nimmt aber begeistert ein altes Bötchen, einen Ochsenziemer oder angebotenes Dosenfutter, so können Sie sich sicher sein, dass er nicht zu krank zum Fressen ist. Er probiert schlicht und einfach aus, ob er nicht was anderes bekommen könnte. So etwas tun natürlich nur solche Hunde, die generell gut gefüttert und satt sind – wirklich hungrige Hunde schlingen alles in sich hinein. Der Welpe macht aber bei seinen Leuten meist die Erfahrung: Wenn ich nicht gleich mein Futter fresse, bekomme ich etwas dazu, wie z.B. ein bisschen Bratensoße oben drauf, oder sie geben mir das köstlich stinkende Dosenfutter. D.h.: Sie trainieren Ihrem Welpen an: Lass dein Futter stehen – und du bekommst etwas – aus deiner Sicht – besseres! Der Welpe wäre doch blöd, wenn er beim nächsten Mal sein normales Futter pur anstandslos fressen würde!
Also: Lassen Sie Ihren Welpen 10 Minuten Zeit zum Fressen. Was er bis dann nicht gefressen hat, wird kommentarlos weggestellt. Zur nächsten geplanten Mahlzeit gibt es dann nicht die doppelte Ration, sondern exakt die vorgesehene – auch wenn Ihr Welpe schon in der Zwischenzeit vor Hunger krakeelt! Ansonsten haben Sie sich in Windeseile einen Futtermäkler herangezogen, der irgendwann nur noch frisst, wenn Sie ihm Tatar servieren.

Taschentücher und Essensreste – wie lecker

Auf den Spaziergängen gibt es natürlich auch eine Menge zu finden: Kot anderer Tiere, weggeworfene gebrauchte Taschentücher, aber auch alte Butterbrote, Würstchenreste, etc. Leider ist das Wort Mülleimer für viele unserer menschlichen Zeitgenossen offenbar ein Unwort. Stinkende oder fressbare Hinterlassenschaften ziehen nun viele Welpen geradezu magisch an.
Daher müssen Sie Ihren Welpen von Anfang an gut im Auge haben und verhindern, dass er irgendetwas aufnimmt. Bewegt sich der Welpe interessiert schnuppernd auf einen angekauten Hamburger zu, sagen Sie ein energisches »Nein« und locken ihn mittels Leckerchen oder Spielzeug zu sich. Kommt er, wird er tüchtig gelobt und bekommt das Leckerchen/das Spielzeug. Hat er sich bereits etwas geschnappt, versuchen Sie es zunächst über den Ausbefehl. Lässt der Welpe es nicht los, umfassen Sie mit einer Hand von oben die Schnauze, drücken mit Daumen und Mittelfinger die Lefzen gegen die Eckzähne und holen die Beute heraus. Bei manchen Welpen hat sich das Abputzen ihrer Schnauze mit stark parfümierten Erfrischungstüchern als sehr wirkungsvolle Bestrafungsmethode erweisen: Sie putzen ihm nicht aus Hygienegründen das Mäulchen ab, sondern um bei ihm eine Verknüpfung folgender Art herzustellen: Irgendeinen Mist fressen heißt widerlich einparfümiert zu werden. Und weil man das als Welpe vermeiden will, verzichtet man künftig auf das Verspeisen von Kothaufen u. ä.

Die idealen Beutetiere: Jogger und Radfahrer – oder wie man unerwünschtes Jagdverhalten frühzeitig stoppt

Beide bewegen sich schnell fort, und reizen den Bewegungsjäger Hund, hinterher zu hetzen. Da das Rennen an sich schon riesig Spaß macht, ohne dass man die Beute »erlegt«, müssen Sie von Anfang an darauf achten, dass Ihr Welpe erst gar keine Chance zum Hetzen bekommt. Ein Radfahrer wird über einen stolpernden kleinen Teddybären noch müde grinsen. Ist dieser Teddy aber erstmal groß und holt ihn mühelos ein, vergeht die Gelassenheit und Angst – oder Wut sind die Folgereaktionen. Kommen Ihnen also Jogger oder Radfahrer entgegen oder hören Sie sie von hinten ankommen, locken Sie den Kleinen zu sich. Bei Ihnen angekommen bekommt er ein Leckerchen. Sie lassen ihn erst dann wieder laufen, wenn Sie den Eindruck haben, dass er das »Beuteobjekt« vergessen hat. Hat er aber erst einmal seine erste Jagd hinter sich, bleibt Ihnen nur, den Welpen an die Leine zu nehmen und gezielt eine solche Situation zu stellen (indem zum Beispiel ein Freund zu einer verabredeten Zeit an einem verabredeten Ort vorbeigeradelt/gejoggt kommt). Beginnt der Welpe, sein »Opfer« auch nur entsprechend mit den Blicken zu verfolgen, sagen Sie ein scharfes »Nein« und verlangen ihm ein »Schau« ab, für das er dann belohnt wird. Waren Sie zu spät, oder hat er nicht auf Sie reagiert, wird er mit einem scharfen »Nein« an der Leine zurück gehalten, wenn er durchstarten will.

Dies war nur ein kleiner Ausflug in die möglichen Probleme, die Welpen so verzapfen können. Wenn Sie auch nur mit einem Problem nicht klarkommen, sollten Sie sich Rat bei einer guten Hundeschule suchen. Frühzeitig agiert ist schon halb gewonnen!

13

Ernährung, Gesunderhaltung und Pflege des Welpen

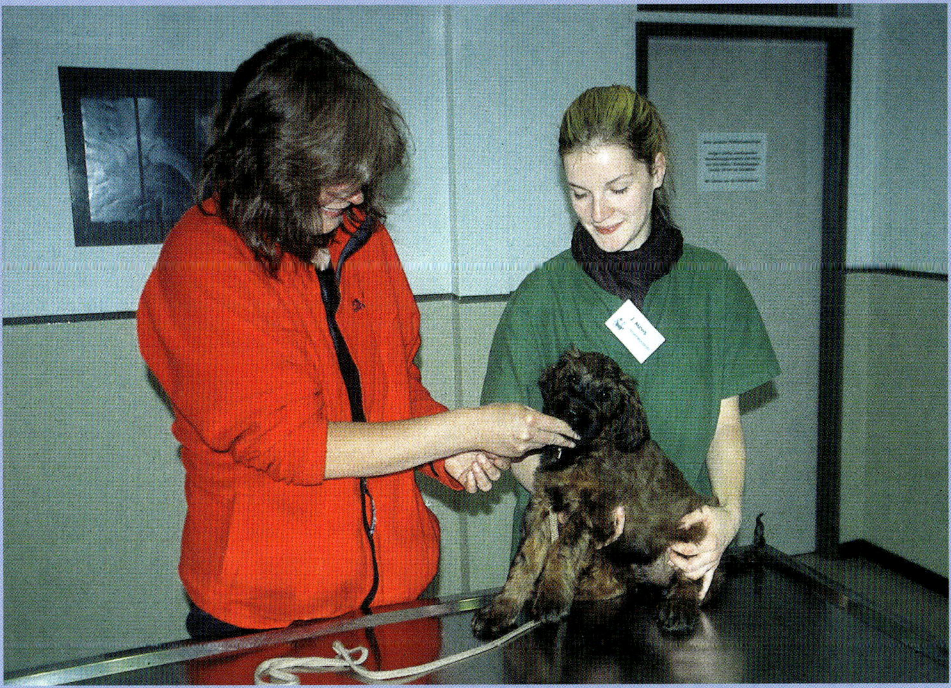

Welches Futter?

Zunächst müssen Sie auf jeden Fall das Futter weiterfüttern, das der Welpe vom Züchter gewöhnt ist. Wenn Sie umstellen möchten, sollten Sie das erst tun, wenn sich Ihr Welpe gut bei Ihnen eingelebt hat.

Eine Futterumstellung sollte immer schrittweise erfolgen: Das neue Futter wird jeden Tag zu einem größeren Anteil dem alten hinzugefügt, bis man das alte Futter schließlich ganz weglässt. Eine abrupte Futterumstellung kann gerade bei einem Welpen zu Durchfall führen. Man kann seinem Hund unbedenklich Fertigfutter füttern, sollte dabei aber auf einige Qualitätskriterien bei der Auswahl achten: keine künstlichen Konservierungsstoffe, keine Farbstoffe, keine Aromastoffe, kein Zucker, kein Tiermehl. Die verwendete Fleischquelle sollte lebensmitteltauglich für Menschen sein.

Trockenfutter ist gegenüber Dosenfeuchtfutter zu bevorzugen. Es sollte kalt gepresst sein. Kaufen Sie möglichst ein Futter, dessen Pellets groß sind, damit der Welpe das Futter nicht so schlingen kann.

Dem Welpen muss immer genügend frisches Wasser zur Verfügung stehen.

Leckerchen sollten zum einen der Belohnung dienen. Stecken Sie dem Welpen nicht einfach so für nix und wieder nix eine Leckerei zu. Damit verbauen Sie sich den Weg, bei ihm eine Motivation aufzubauen, für besondere Leckereien besondere Leistungen zu bringen. Geben Sie Ihrem Welpen niemals Futter oder Leckereien, wenn er diese massiv einfordert. Bestimmte Leckereien dienen der Befriedigung des Kaubedürfnisses und dem Training des Gebisses: An Kaustangen, Büffelhautkauknochen, harten Hundekuchen können die Hunde ihr Kaubedürfnis befriedigen und ihre Gebisse reinigen. Prima sind auch getrocknete Bötchen!

Wie viel füttern?

Wie viel Futter Ihr Welpe bekommen sollte, ist eine schwer zu beantwortende Frage, wenn Sie genaue Grammzahlen lesen möchten. Futteranleitungen, die sich allein nach Größe und Gewicht des Hundes richten und dann entsprechende Grammzahlen empfehlen, helfen oft nicht weiter, da die Hunde individuell unterschiedlich Energie verbrauchen – abhängig vom Lebensalter, von der Rasse, aber auch von einfachen individuellen Besonderheiten im Stoffwechsel. Sie können es am Anfang einfach nur ausprobieren, indem Sie den »Rippentest« machen: Legen Sie Ihre Hand seitlich auf den Brustkorb des Welpen. Fühlen Sie so gerade seine Rippen, ist er richtig genährt, die Futtermenge stimmt. Versinken Ihre Finger zwischen den Rippen, ist er unterernährt, Sie müssen die Futtermenge erhöhen. Müssen Sie drücken, um die Rippen zu erfühlen, ist der Welpe zu dick, Sie müssen die Futtermenge reduzieren.

Wann und wie oft füttern?

Welpen sollten bis zur vollendeten 12. Lebenswoche viermal täglich gefüttert werden, danach dreimal täglich, ab einem halben Jahr bekommen sie zwei Mahlzeiten pro Tag, am besten morgens und am frühen Abend. Stellen Sie dem Hund zu festen Zeiten seinen Napf immer auf denselben Platz und lassen ihn in Ruhe. Er muss das Gefühl haben, wirklich ungestört und ohne Hast fressen zu können. Nehmen Sie dem Welpen nach 10 Minuten das Futter kommentarlos weg, wenn er gar nicht begonnen hat zu fressen, oder wenn er etwas übrig gelassen hat. Er bekommt erst zur nächsten geplanten Mahlzeit wieder seine Ration – und die wird nicht um das zuvor nicht gegessene Futter erhöht. Welpen, die sich den ganzen Tag frei nach Schnauze bedienen können, entwickeln sich oft zu mäkeligen Fressern. Auf Verweigerung des Fressens sollten Sie unter keinen Umständen mit einer »Versüßung« reagieren, indem Sie dem Trockenfutter Dosenfutter beimengen, Bratensoße darüber kippen, Fleischreste von Ihrer Mahlzeit unterrühren etc. – So erziehen Sie sich nämlich einen Hund, der immer weder empört sein Näschen rümpft und von Ihnen etwas Besseres fordert – irgendwann landen Sie dann bei Tatar.

Ausreichende und richtige Bewegung

In voller Fahrt

Damit der Hund gesund bleibt, muss er nicht nur geimpft, entwurmt und richtig ernährt werden, sondern er braucht natürlich auch ausreichende und richtige Bewegung, die sich von Rasse zu Rasse unterscheidet.
Mangelhafte Bewegung wirkt sich auf vielerlei Art nachteilig auf den Hund aus. Der Bewegungsapparat wird schlaff und verletzungsanfällig, Herz-Kreislauf-Funktionen werden beeinträchtigt, das Fell wird nicht genügend durchgepustet, die Haut nicht ausreichend durchblutet.
Aber: Auch zu viel Bewegung und falsche Bewegung kann schaden – vor allem beim Welpen und Junghund. Da diese normalerweise begeistert mittun und nicht selbst auf ihre Grenzen achten, ist man leicht in Gefahr, den Welpen zu überfordern. Legt er sich aber mitten beim Spazierengehen hin, sollten Sie nicht auf ein Weitergehen bestehen, sondern ihn sich ausruhen lassen. Dann sind Sie schon zu weit gegangen! Auch wenn viele Hunde schnell ihre Normalgröße erreichen, heißt das nicht, dass sie ausgewachsen sind, denn die Knochen und Gelenke sind noch weich und müssen sich erst stabilisieren. Gehen Sie lieber mehrmals täglich eine kurze Zeit (10 Minuten) mit ihm spazieren, als ein oder zwei große Spaziergänge zu unternehmen. Für die ersten 4–5 Lebensmonate gilt als Faustregel: pro Lebensmonat nicht länger als 5 Minuten am Stück gehen.
Tabu im ersten Lebensjahr sind ständige Sprünge über Hindernisse, Hürden etc. wie beim Agility, Breitensport oder das Überwinden der Schrägwand wie z.B. bei der Schutzhundeausbildung. Natürlich kann und soll Ihr Hund über Baumstümpfe oder Bäche hüpfen. Er muss ja seine Geschicklichkeit erproben und Bewegungsabläufe üben. Beim richtigen Hundesport jedoch geht es über das gelegentliche Springen hinaus, und man sollte im ersten Jahr darauf verzichten. Treppensteigen ist eine Belastung für die Gelenke, allerdings ist hinunter zu gehen ist noch schlimmer als hinauf zu gehen. Diese Erkenntnis hat sich bei den meisten Welpenbesitzern durchgesetzt mit der Konsequenz, dass sie ihren Welpen brav jede Treppe tragen. Aber Vorsicht: Die Überwindung von Treppen ist sowohl eine motorisch gesehen schwierige Angelegenheit, die man üben muss, als auch von der Traute aus gesehen keine einfache Aufgabe. Daher: Sie sollten unbedingt immer mal wieder mit Ihrem Welpen Treppen hinauf- oder hinuntergehen – Treppen mit unterschiedlichem Belag, solche mit offenen Stufen, gerade Treppen und Wendeltreppen – das gehört zur Umweltgewöhnung dazu. Ansonsten haben Sie dann mit ca. 5 Monaten z.B. einen Labrador, den Sie aufgrund seines Gewichts nun nicht mehr tragen können, der sich aber aus Angst hartnäckig weigert, eine Treppe hoch zu gehen. Also: Wohnen Sie nicht Parterre und haben Sie keinen Fahrstuhl, sollte der Welpe beim regelmäßigen Rauf und Runter getragen werden, so lange Sie es vom Gewicht noch aushalten. Zwischendurch jedoch üben Sie mit ihm das Treppensteigen.

Gegen was sollte der Welpe wann geimpft werden?

Mit der Muttermilch erhalten die frisch geborenen Welpen zunächst die Antikörper der Mutter gegen die wichtigsten Infektionskrankheiten, doch dieser Impfschutz baut sich von Woche zu Woche ab. Das Problem mit der Impfung ist, dass bei Welpen, die zu früh geimpft werden, die Impfung noch nicht anschlägt, weil noch zu viele mütterliche Antikörper im Blut sind. Impft man jedoch zu spät, ist der Welpe ungeschützt.

Die Welpen sind bei einem verantwortungsbewussten Züchter mehrfach entwurmt und kurz vor der Abgabe gegen Staupe, Hepatitis, Leptospirose und Parvovirose geimpft. Diese Impfung muss in der 12. Lebenswoche wiederholt werden. Zusätzlich sollten Sie gegen Tollwut impfen, hier lautet meist die Empfehlung, bis zum 6. Lebensmonat zu warten – es sei denn, eine Auslandsreise steht an – da muss der Welpe gegen Tollwut geimpft sein. Auch sollten Sie Ihren Tierarzt fragen, ob bei Ihnen Zwingerhusten verbreitet ist und ob und wann er eine Impfung dagegen empfiehlt. Sie können Ihren Welpen auch gegen Borreliose impfen lassen, eine tückische Krankheit, die durch Zecken übertragen wird. Jedoch besteht hinsichtlich deren tatsächlichen Nutzens in der Ärzteschaft kein Konsens.

Bisher galt, dass die genanten Impfungen einmal jährlich zu wiederholen seien. In Bezug auf die Tollwutimpfung heißt es nun, der Wirkstoff schütze für drei Jahre – aber auch hier ist ein Streit darüber ausgebrochen, ob lediglich eine theoretische Wahrscheinlichkeit besteht, dass der Wirkstoff so lange vorhält, oder ob man sich auf dreijährigen Schutz verlassen kann.
Welches Impfschema das richtige ist – darüber wird gestritten. So plädieren manche Tierärzte für eine dritte Impfung in der 16. Lebenswoche, manche wollen die erste Impfung schon im Alter von 6 Wochen geben.

Ein gepflegter Hund fühlt sich wohl

Ein Hund muss nicht gebadet werden. Im Gegenteil: häufiges Baden mit Seifen, Shampoos schadet seiner Haut und seinem Fell. Ist ein Bad aber dennoch unumgänglich, weil er sich beispielsweise in Aas gewälzt hat, sollten Sie ein mildes Shampoo verwenden, das dann gut ausgespült werden muss. Ans Abduschen zum Wegwaschen von Schlamm etc. sollte man das Hundekind aber frühzeitig gewöhnen.

Ansonsten reinigt sich das Fell durch die Bewegung bei den Spaziergängen und durch die regelmäßige Fellpflege.

Die Fellpflege hängt natürlich von Felllänge und Struktur ab. Lassen Sie sich vom Züchter, Tierarzt, Fachgeschäft etc. beraten, was Sie an Kämmutensilien brauchen, ob Ihr Hund getrimmt werden muss etc. Der Sinn des Bürstens liegt darin, Schmutz und totes Fell zu entfernen, für gute Belüftung zu sorgen, indem eben auch Filzknoten entfernt werden. Die Bürstenstriche regen zudem die Durchblutung der Haut an. Gleichzeitig kann man bei der Fellpflege auch immer untersuchen, ob sich der Hund Parasiten eingefangen hat.

Zur Pflege des Hundes gehört nicht nur das Bürsten und Kämmen, sondern auch eine spezielle Pflege von Augen, Ohren, Zähnen und Pfoten.
Es gibt spezielle Augen und Ohrtücher, es gibt Zahnbürsten und spezielle Zahnpasta für Hunde. Viele Welpen muss man die Krallen schneiden, wenn die sich nicht richtig ablaufen.

Wichtig bei der Körperpflege ist auch ihr erzieherischer Charakter. Sie bringen dem Hund frühzeitig bei, dass Sie ihn überall berühren dürfen: sein Maul aufmachen, um sich die Zähne anzugucken, in die Ohren gucken, ihn an seinem Geschlechtsteil berühren.

Äußere Parasiten: Flöhen und Zecken

Im Zuge der Fellpflege können Sie auch immer untersuchen, ob Ihr Hund von Parasiten befallen ist. Achten Sie darauf, ob der Hund sich kratzt und beißt, ob die Haut an manchen Stellen gerötet ist, schuppt, ob Fell ausfällt, ob rote Flecken vorhanden sind.

Flöhe

Der Hund juckt und beißt sich im Fell. Vor allem unter den Achseln und an der Schwanzwurzel findet man kleine schwarze Krümel. Zerdrückt man die auf einem weißen Teller mit etwas Wasser, färbt sich dieses rot. Diese schwarzen Krümel entdeckt man oft früher als die Flöhe selbst, obwohl die gar nicht so klein sind. Im Prinzip kann sich Ihr Welpe bei jedem Kontakt mit einem anderen Hund Flöhe einhandeln. Das Tückische am Flohbefall besteht darin, dass nur ein Bruchteil der Flöhe auf seinem Wirt, sprich dem Hund sitzt, die anderen machen es sich in Möbeln, Teppichen, Bodenspalten etc. bequem, vermehren sich fröhlich und hüpfen dann jeweils zur Blutmahlzeit auf den Hund.
Bitte verfahren Sie nicht nach der Devise: Jeder Hund hat seinen Floh. Der Hund fühlt sich alles andere als wohl dabei, ständig gebissen zu werden. Es juckt und schmerzt ihn, die Flohstiche können sich entzünden und immer mehr Hunde leiden unter einer Flohbissallergie. Zudem übertragen Flöhe Bandwürmer.
Es gibt ein wunderbares Mittel gegen Flöhe, dass daran ansetzt, den angebissenen Floh fortpflanzungsunfähig zu machen: »Program«. Diese Tablette geben Sie Ihrem Welpen einmal im Monat. Ein Floh, der dann Ihren Hund beißt, wird davon nicht getötet, aber er kann sich nicht mehr fortpflanzen – und genau da liegt ja das Flohproblem. So ersparen Sie Ihrem Hund die totale chemische Keule. Sollte Ihr Welpe jedoch das Pech gehabt haben, in ein Flohnest gestolpert und über und über mit Flöhen überzogen zu sein, so bleibt Ihnen nichts anderes übrig, als die besagte »Keule« zur Tötung der Flöhe anzuwenden – aber: Das ist wirklich extrem selten, wenn der Hund regelmäßig seine Tablette bekommt.

Zecken

Die ca. 5 mm großen Zecken kann man beim Durchsuchen des Fells durchaus sehen, wenn sie herumkrabbeln. Haben sie sich bereits im Hund festgesogen, spürt man einen mehr oder minder großen Knubbel, wenn man den Hund mit den Händen absucht.
Zecken sind gefährlich! Infizierte Zecken übertragen Krankheiten wie Borreliose, Babesiose, Ehrlichiose, Frühsommermeningitis – sämtlich Erkrankungen, die, wenn sie nicht frühzeitig erkannt und bekämpft werden, den Hund schwer schädigen und sogar tödlich enden können.
Zecken sind bevorzugt in Wäldern, Wiesen, im Gebüsch aktiv und lassen sich auf die Wärmequelle Hund fallen. Der Anteil jener Zecken, die mit den verschiedenen Krankheitserregern infiziert sind, ist in unterschiedlichen Gebieten Deutschlands verschieden, steigt jedoch in Besorgnis erregendem Ausmaß an. Es muss daher dringend darauf hingewiesen werden, dass Sie Ihren Welpen von Frühjahr bis spät in den Herbst hinein nach jedem Spaziergang oder Toben im Garten genau untersuchen sollten. Zecken krabbeln noch einige Stunden auf dem Körper herum, bevor sie anbeißen – da passiert Ihrem Welpen noch nichts. Und auch wenn sie angebissen haben, entlassen sie nicht sofort ihren infizierten Speichel in den Welpen. Daher: Je früher sie entdeckt werden, desto größer ist die Chance, dass sich Ihr Welpe nicht ansteckt, obwohl die Zecke selbst infiziert ist. Die Zecke sollte mit einer Zeckenzange, die Sie in der Apotheke oder im Zoogeschäft bekommen, herausgezogen werden. Es gibt einige Präparate auf dem Markt, die Schutz vor Zecken bieten sollen – sie sind mehr oder minder wirksam und mehr oder minder giftig. Man muss im Einzelfall abwägen, ob der Welpe häufig Zecken heimträgt, ob Sie in einem Gebiet mit vielen Zecken spazierengehen,

ob Fellfarbe und -struktur Ihres Welpen so geartet ist, dass man Zecken nicht leicht findet – ob man dann Chemie auf seinen Hund über Halsbänder, im Nacken aufgetragene Spots oder Ganzkörpereinsprühung aufbringt.

Entwurmung des Welpen

Alle Welpen werden grundsätzlich auch bei best gepflegten Müttern von diesen mit Würmern angesteckt. Ein guter Züchter hat daher seine Welpen bereits mehrfach entwurmt, bevor er sie abgibt.
Im ersten Lebensjahr des Hundes sollten Sie ihn alle drei Monate entwurmen mit einem Mittel, das Ihnen Ihr Tierarzt gibt. Danach genügen normalerweise zwei Entwurmungen pro Jahr im Frühling und im Herbst. Achtung: Während die Impfung für mindestens ein Jahr Schutz bietet, bedeutet eine Entwurmung lediglich, dass alle Würmer, die sich zum Zeitpunkt der Entwurmung im Darm befunden haben, abgetötet werden. Grundsätzlich könnte sich Ihr Welpe schon am nächsten Tag wieder mit Würmern anstecken, wenn er am Kot anderer Hunde oder Wildtiere schnuppert, leckt und diesen frisst. Warnzeichen dafür sind aufgeblähte Bäuchlein, ein Rutschen auf dem Popo – oder Sie sehen gar im Kot winzige »Spaghettis« oder rund um den After reiskornähnliche Bandwurmglieder. Dann ist der Welpe schon kräftig verwurmt! Würmer kann er aber auch ohne diese deutlichen Anzeichen haben. Um es nicht zur hochgradigen Verwurmung kommen zu lassen, sind zwei Wege denkbar: Sie geben alle drei Monate prophylaktisch ein Wurmmittel oder Sie lassen den Stuhl zuerst auf Wurmbefall testen und entwurmen dann nur bei tatsächlichem Bedarf.
Wenn Ihr Welpe Flöhe gehabt hat, besteht die Gefahr, dass er sich Bandwürmer eingefangen hat. Dann sollten Sie zusätzlich vier Wochen nach dem Flohbefall ein spezielles Bandwurmpräparat einsetzen.

Wann sollte Sie mit dem Welpen schleunigst zum Tierarzt gehen?

Generell gilt: Lieber zehnmal unnötig als einmal zu wenig zum Tierarzt!

Wann Sie auf jeden Fall mit Ihrem Welpen zum Arzt sollten:

- *er erbricht sich mehrmals heftig*
- *er hat einen ganzen Tag lang Durchfall*
- *er wirkt sehr matt, geradezu apathisch*
- *er hechelt stark – mögliches Anzeichen für Schwitzen – Fieber messen! Die Normaltemperatur liegt beim Hund höher als bei uns: zwischen 38 und 39 Grad*
- *er verweigert das Trinken*
- *er hört gar nicht mehr auf mit dem Trinken*
- *im Kot und/oder im Urin finden Sie Blut*
- *er schüttelt ständig seinen Kopf*
- *er reibt sich ständig mit den Pfoten über die Augen*
- *er hustet*
- *er hat grünen Nasenausfluss*

Neben dem Wissen, das Sie sich aneignen können, ist es natürlich auch wichtig, dass Sie speziell für Ihren Hund eine Notfallapotheke im Haus haben, um für alle Eventualitäten gerüstet zu sein. Ihr Tierarzt kann Sie entsprechend beraten.

Schlusswort

Sie haben in diesem kleinen Büchlein nun schon sehr viel erfahren, und doch gäbe es noch so vieles, was nicht untergebracht werden konnte.
Vielleicht hat Ihr Züchter bei der Verpaarungsauswahl ein glückliches Händchen bewiesen und seine Welpen ferner schon in den ersten acht Lebenswochen hervorragend betreut, so dass Sie auf einem guten Boden anfangen können, mit Ihrem Welpen zu leben. Vielleicht sind Sie in eine gute Welpenspielstunde geraten, in der Ihr Welpe nicht nur viel Spaß hat, sondern Sie auch viel fachlich kompetente Hilfe bekommen. Vielleicht treten einige der in diesem Buch beschriebenen Probleme gar nicht auf, freuen Sie sich drüber. Vielleicht aber treten noch viel schwerwiegendere Probleme auf, dann sollten Sie nicht zögern und sich kompetente Hilfe suchen. Denn je eher man versuchen kann, ein Fehlverhalten in die gewünschten Bahnen zu lenken, desto größer ist die Erfolgsaussicht. Vielleicht aber werten Sie nach Lektüre dieses Buches manche Verhaltensweisen Ihres Welpen ganz anders und können sie als arttypisches Verhalten einfach akzeptieren?

Mein eigener Welpe »Lilleby« ist nun bei Beendigung dieses Buches elf Monate alt. Wir haben wunderschöne Zeiten erlebt – und Zeiten, in denen ich aus dem Fluchen gar nicht mehr herauskam. Ja, es gab einzelne Augenblicke, in denen ich meine Entscheidung, diesen dritten Hund ins Haus zu holen, bereut habe. Dieser Welpe hat mich vor Herausforderungen gestellt, die ich von keinem meiner bisherigen Welpen kannte, und hat mir andererseits Dinge leicht gemacht, die bei den anderen Welpen schwer in den Griff zu bekommen waren. Habe ich nun den »idealen«, super erzogenen Hund? Nein! Jede Altersphase bringt wieder neue Herausforderungen mit sich, man ist nie »fertig« mit der Erziehung. Und trotz allen theoretischen Wissens – man baut in der Praxis eben doch den ein oder anderen Mist.

Also: Kopf hoch, wenn nicht alles gleich so flutscht, wie Sie sich das vielleicht vorgestellt haben ...

Eins ist jedenfalls klar: Bei allem Stress ist für mich die wunderschöne Welpenzeit mit Lilleby viel zu schnell vorbei gegangen, und ich trauere ihr nach. Ihnen wird es auch nicht anders gehen, deswegen: Genießen Sie sie!

Im Gedenken an: Mama Lisa und ihre Kinder Aragon, Aramis, Yago, Bejaune, Bonalie, Carym, Colja, Cyrac, Miro, Dygtig